Premiere Pro CC 影视剪辑案例教程

胡垂立　主　编

刘　峰　彭　梅　肖　卓　副主编

电子工业出版社

Publishing House of Electronics Industry

北京·BEIJING

内 容 简 介

本书围绕 20 多个实用小案例和 2 个精彩的综合案例详细讲述了 Premiere Pro CC 的视频、音频编辑功能、操作技巧及在实际工作中的应用技巧。全书共 7 章，每章的案例都有知识点的层层铺垫，在编排上循序渐进、联系紧密、环环相扣，其中既有打基础、筑根基的部分，又不乏综合创新的案例。其特点是将软件的零碎知识点融入到案例中，读者将从中学到影视基本概念、影视剪辑基本操作与技巧、转场操作与技巧、动画、常用音视频特效、音频剪辑操作及影视广告、栏目包装片头等各种影视类型短片的制作方法。读者通过对这些案例的学习，可以举一反三，掌握影视后期剪辑的精髓，为从事影视后期剪辑相关工作打下坚实基础。

本书内容丰富，图文并茂，语言通俗，条理清晰，适用于高等院校数字媒体技术、动漫设计与制作、影视动画、广告设计等相关专业及各类培训班的教材，也可作为影视后期爱好者及从业人员的参考用书。

图书在版编目（CIP）数据

Premiere Pro CC 影视剪辑案例教程 / 胡垂立主编. 一北京：电子工业出版社，2015.10
（普通高等教育计算机系列规划教材）
ISBN 978-7-121-26822-9

Ⅰ. ①P…　Ⅱ. ①胡…　Ⅲ. ①视频编辑软件－高等学校－教材　Ⅳ. ①TN94

中国版本图书馆 CIP 数据核字（2015）第 173782 号

策划编辑：徐建军（xujj@phei.com.cn）
责任编辑：郝黎明
印　　刷：涿州市京南印刷厂
装　　订：涿州市京南印刷厂
出版发行：电子工业出版社
　　　　　北京市海淀区万寿路 173 信箱　邮编　100036
开　　本：787×1 092　1/16　印张：13.25　字数：339.2 千字
版　　次：2015 年 10 月第 1 版
印　　次：2017 年 6 月第 2 次印刷
印　　数：1 000 册　定价：32.00 元

前　　言

Premiere Pro CC 是 Adobe 公司推出的一款功能强大、易学易用、高效、精准的、目前最为流行的视频剪辑软件。它编辑方式简便实用、对素材格式支持广泛、有较好的兼容性、且可以与 Adobe 公司推出的其他软件相互协作。目前这款软件广泛应用于广告制作、电视节目制作、电影电视剧剪辑、动画片后期剪辑等领域。

本书采用"行动导向，任务驱动"的方法，以任务引领知识的学习，通过实际案例教学，将主要知识点巧妙融入相关案例中，以增加学习的趣味性和可操作性，实现"寓教于乐"；把基础知识的学习和基本技能的掌握有机结合在一起，从具体的实践中培养自己的应用能力。编者结合自身 10 多年的职业院校教学经验、5 年多的在线教育经验及丰富的影视项目经验，将婚礼花絮、企业宣传片、影视广告、微电影等真实影视项目转换为课堂教学案例，通过穿插介绍相关影视专业知识和软件基础操作技巧，能够让学习者快速熟悉软件功能，掌握影视剪辑的实际应用技能，吸收 Premiere 影视剪辑实战经验。本书内容由浅入深，全面覆盖了 Premiere Pro CC 的视频、音频编辑功能和操作技巧。20 多个实用的小案例和 2 个精彩的大案例融入编者丰富的剪辑经验和教学心得，旨在帮助学习者全方位了解行业规范、剪辑基本操作、剪辑技巧、剪辑思想，提高实战能力，以灵活应对不同的工作需求。

本书共有 7 章，内容如下。

第 1 章，介绍数字视频基础知识，蒙太奇理论，景别，镜头运用与组接技巧，为后面的软件操作打下理论基础。

第 2 章，介绍 Premiere Pro CC 软件界面，软件基本操作，入出点概念与操作、三点四点编辑，剪辑工具用法，标记用法、多机位剪辑流程，剪辑案例制作过程。

第 3 章，介绍转场的概念，转场基本操作与技巧，《翻开相册》、《视频墙》2 个转场案例制作过程。

第 4 章，介绍关键帧动画的基本原理与关键帧的操作方法，《冲浪》、《神奇的九寨》、《卷展画卷效果》3 个动画案例的制作方法，全面掌握 Premiere Pro CC 动画制作方法与技巧；《边角固定效果》、《怀旧老照片》、《人物抠像》、《水墨画》、《水滴中的女孩》5 个案例详尽地讲解了常用特效的用法。

第 5 章，介绍 Premiere Pro CC 中字幕的创建和编辑的方法，游动字幕与滚动字幕，《图形绘制》、《文字雨》、《字幕动画》3 个字幕案例的制作。

第 6 章，介绍 Premiere Pro CC 声道操作，音量操作，录音，常用音频特效。

第 7 章，介绍《手机广告片头》、《栏目片头》2 个综合案例分别讲解了 Premiere Pro CC 影视广告、栏目包装等方面的应用技巧。

本书的主要特色如下。

（1）本书内容的选取符合国内影视、动漫、广告等专业最新的应用需求和技术趋势。本书精选的经典案例和综合项目遵循循序渐进的教学规律、易懂易学。

（2）本书为校企合作完成的"工学结合"类教材，部分案例来源于企业真实项目。

（3）注重方法的讲解与技巧的总结。在介绍具体案例制作的详细操作步骤的同时，对一些重要而常用的知识点与技能进行了较为精辟的总结。

（4）操作步骤详细。本书中案例的操作步骤介绍得非常详细，即使是初级入门的读者，只需一步步按照本书步骤进行操作，一般都可以制作出相同或相似的效果。

（5）本书以相关在线课程为蓝本扩展而成，内容广受欢迎。胡垂立老师长期从事在线教育工作，至今在我要自学网（www.51zxw.net)发布影视类在线视频教程7套，开办在线培训班9期，单节课程点击率已经超过200万人次，影视后期课程得到了广大网友的一致好评与认可。

本书由广州工商学院计算机科学与工程系的一线教师胡垂立组织编写并担任主编，由国家档案局的刘峰、广州工商学院的彭梅和哈尔滨职业技术学院的肖卓担任副主编，来自广州企影广告有限公司的后期剪辑师也参与了编写。本书的案例整理由李小映、陈保、何柳青、朱荣、刘珍丹、张杰、耿甜、李翠花等老师负责完成，本书的影视剪辑及验证由助理程帆负责完成，在此一并表示感谢。

为了方便教师教学，本书配有电子教学课件及相关资源，请有此需要的教师登录华信教育资源网（www.hxedu.com.cn）注册后免费下载，如有问题可在网站留言板留言或与电子工业出版社联系（E-mail:hxedu@phei.com.cn）。

本书是编者在总结10多年教学与影视后期制作经验的基础上编写而成的，编者在探索教材建设方面做了许多努力，也对书稿进行了多次审校，但由于编写时间及水平有限，难免存在一些疏漏和不足，希望同行专家和读者给予批评指正。

编　者

目 录
Contents

第1章

Premiere Pro CC 剪辑基础

➡ **教学目标与要点:**

❖ 理解帧速率和场、分辨率与像素宽高比。

❖ 了解蒙太奇与剪辑的关系,以及蒙太奇的分类与表现形式。

❖ 了解影视节目制作的基本流程。

❖ 熟悉景别的分类和镜头运用的技巧。

1.1 视频的基础概念

视频(Video)就是利用人眼视觉暂留的原理,通过播放一系列的图片,使人眼产生运动的感觉(实际上就是系列图片)。视频是一组连续画面信息的集合,是指内容随时间变化的一组动态图像,也称运动图像、活动图像或时变图像。视频与加载的同步声音信息共同呈现动态的视觉和听觉效果。视频用于电影时,采用 24 帧/秒的播放速率;用于电视时,采用 25 帧/秒的播放速率(PAL 制)或者 30 帧/秒的播放速率(NTSC 制)。

1.1.1 电视制式

传送电视信号所采用的技术标准。基带视频是一个简单的模拟信号,由视频模拟数据和视频同步数据构成,用于接收端正确地显示图像,信号的细节取决于应用的视频标准或制式(NTSC/PAL/SECAM)。

目前世界上的彩色电视机主要有如下 3 种制式。

NTSC:每帧 525 线,规定视频源每秒需要发送 30 幅完整的画面(帧),应用于北美,亚洲的日本、中国台湾。

PAL:每帧 625 线,规定视频源每秒需要发送 25 幅完整的画面(帧),应用于欧洲和我国。

SECAM:顺序传送和存储彩色电视系统,应用于法国。

1.1.2　帧速

帧（Frame）是影片中的一幅单独图像。电视/电影都是利用动画的原理使图像产生运动的。视频（动画）是一种将一系列差别很小的画面以一定速率连续放映而产生运动视觉的技术。根据人类的视觉暂留现象，连续的静态画面可以产生运动效果。构成动画的最小单位为帧，即组成动画的每一幅静态画面，一帧就是一幅静态画面。

帧速率（FPS）表示视频中每秒包含的帧数，PAL 制影片的帧速率是 25 帧/秒；NTSC 制影片的帧速度是 29.97 帧／秒；电影的帧速率是 24 帧/秒；二维动画的帧速率是 12 帧/秒。

1.1.3　场

在使用视频素材时，会遇到交错视频场的问题。它严重影响着最后的合成质量。大部分视频编辑合成软件中对场控制提供了一整套的解决方案。

要解决场问题，首先必须对场有一个概念性的认识。

在将光信号转换为电信号的扫描过程中，扫描总是从图像的左上角开始的，水平向前行进，同时扫描点也以较慢的速率向下移动。当扫描点到达图像右侧边缘时，扫描点快速返回左侧，重新开始在第 1 行的起点下面进行第 2 行扫描，行与行之间的返回过程称为水平消隐。一幅完整的图像扫描信号，由水平消隐间隔分开的行信号序列构成，称为一帧。扫描点扫描完一帧后，要从图像的右下角返回图像的左下角，开始新一帧的扫描，这一时间间隔称为垂直消隐。对于 PAL 制信号来讲，采用每帧 625 行扫描。对于 NTSC 制信号来讲，采用每帧 525 行扫描。扫描方法分为隔行扫描和逐行扫描。隔行扫描指电子枪首先扫描图像的奇数行（或者偶数行），当图像内所有的奇数行（或偶数行）全部扫描完成后，再使用相同的方法扫描偶数行（或奇数行）。逐行扫描则是每行图像依次扫描的方法。

大部分的广播视频采用两个交换显示的垂直扫描场构成每一帧画面，这称为交错扫描场。交错视频的帧由两个场构成，其中一个扫描帧的全部奇数场，称为奇场或上场；另一个扫描帧的全部偶数场，称为偶场或下场。场以水平分隔线的方式隔行保存帧的内容，在显示时首先显示第 1 个场的交错间隔内容，再显示第 2 个场来填充第 1 个场留下的缝隙。计算机操作系统是以非交错形式显示视频的，它的每一帧画面由一个垂直扫描场完成。电影胶片类似于非交错视频，它每次显示整个帧。

解决交错视频场的最佳方案是分离场。合成编辑可以将视频素材进行场分离。通过从每个场产生一个完整帧再分离视频场，并保存原始素材中的全部数据。在对素材进行如变速、缩放、旋转、效果等加工时，场分离是极为重要的。未对素材进行场分离，画面中会有严重的毛刺效果。视频编辑合成软件通过场分离将视频中两个交错帧转换为非交错帧，并最大程度地保留图像信息。

在选择场顺序后，观察影片是否能够平滑地进行播放。如果出现了跳动的现象，则说明场的顺序是错误的。

对于采集的视频素材，一般情况下要对其进行场分离设置。另外，如果要将计算机中完成的影片输出到用于电视监视器播放的领域，则在输出时也要对场进行设置。输出到电视机的影片是具有场的。我们可以对没有场的影片添加场。例如，使用三维动画软件输出的影片，在输出的时候没有输出场，录制到录像带在电视上播出的时候，就会出现问题。这时候可以为其在输出前添加场。用户可以在渲染设置中进行场设置，也可以在特效操作中添加场。示例如图 1.1 所示。

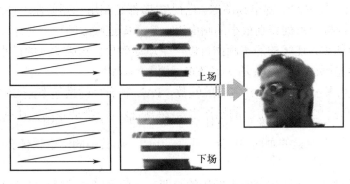

图 1.1　场

1.1.4　分辨率和像素宽高比

1. 分辨率

电影和视频的影响质量不仅取决于帧速率，每一帧的信息量也是一个重要因素，即图像的分辨率。较高的分辨率可以获得较好的影像质量。

分辨率指每帧画面内包含图像点的数量，这些图像点则被称为像素。像素是组成图像的最小的单位，在画面尺寸相同的情况下，分辨率越大，图像越细腻、越清晰，否则模糊不清。可以用两个整数的比来表示，也可以用小数来表示，如 4∶3 或 1.33。

高清（HD）与标清（SD）是两个相对的概念，是尺寸的差别，而不是文件格式上的差异，如图 1.2 所示。

图 1.2　"分辨率"的设置

高清简单理解起来就是分辨率高于标清的一种标准。分辨率最高的标清格式是 PAL 制式，可视垂直分辨率为 576 线，高于这个标准的即为高清，尺寸通常为 1280 像素×720 像素或者 1920×1080 像素，帧宽高比为 16∶9。

2K 和 4K 是标准在高清之上的数字电影格式，分辨率分别为 2048 像素×1365 像素和 4096 像素×2730 像素。目前，RED ONE 等高端数字电影摄像机均支持 2K、4K 的标准。

2. 像素宽高比

像素宽高比是影片画面中每个像素的宽高比，各种格式使用不同的像素宽高比，如图 1.3 所示。

格式	像素宽高比
正方形像素	1.0
D1/DV NTSC	0.9
D1/DV NTSC 宽屏	1.2
D1/DV PAL	1.07
D1/DV PAL 宽屏	1.42

图 1.3　各种格式的像素宽高比

计算机使用正方形像素显示画面，其像素宽高比为 1.0，如图 1.4 所示。而电视基本使用矩形像素，如 DV NTSC 使用的像素宽高比为 0.9，如图 1.5 所示。如果在正方形像素的显示器上显示未经矫正的矩形像素的画面，则会出现变形现象，如其中的圆形物体会变为椭圆形物体，如图 1.6 所示。

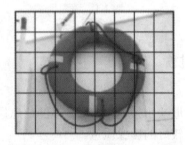

图 1.4　像素宽高比为 1.0

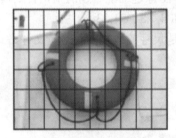

图 1.5　像素宽高比为 0.9

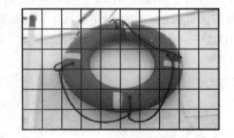

图 1.6　变形现象

帧宽高比即为影片画面的宽高比，由像素宽高比和水平/垂直分辨率共同决定。帧宽高比等于像素宽高比与水平/垂直分辨率比之积。常见的电视格式为标准的 4：3，如图 1.7 所示；宽屏的 16：9，如图 1.8 所示。一些电影具有更宽的比例。

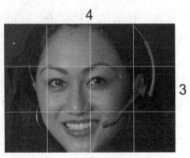

图 1.7　帧宽高比为 4：3

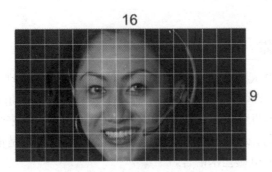

图1.8　帧宽高比为16：9

1.2　影视创作理论基础

19世纪末，卢米埃尔兄弟公映的自己摄制的第一批纪实短片标志着电影的诞生。在其后100多年的发展历程中，电影基本创作理论不断发展进步，为今天的影视创作奠定了坚实的基础。

1.2.1　蒙太奇与影视剪辑

蒙太奇是影视构成形式和构成方法的总称，是影视艺术的重要表现手段。正是因为有了蒙太奇，影视才从机械的记录转变为创造性的艺术。

蒙太奇原是法语montage的译音，是一个建筑学上的术语，意为构成、装配，引申在电影方面，指影片的剪辑和组合。导演或剪辑师依照情节的发展和观众注意及关心的程度，将一系列镜头画面及声音（包括对白、音乐、音响）合乎逻辑地、有节奏地连接起来，使观众得到一个明确、生动的印象或感觉，从而使他们正确地了解事情的发展。

从历史上看，电影剪辑是电影艺术初创时期的名称，它偏重于技术性，不同于现代的影视剪辑工作。那时，没有什么剪辑，只是将一段影片胶片与另一段影片胶片黏接起来。因为冲洗胶片的木槽长度有限，所以胶片只能剪成一段一段的，冲洗之后，再把它们黏接起来。在那个时期，蒙太奇只是黏接胶片的技术。

电影成为艺术的初期，剪辑是由摄影师一人包办的。后来，随着科学技术不断发展，电影成为一种综合艺术，逐渐才有导演、摄影、制片等分工。20世纪初，分镜头拍摄的出现带来了强烈的戏剧效果，成为剪辑的起源。其后，剪辑工作逐渐专业化，并设有专业部门，由专业人员来担任和掌握剪辑工作。从20世纪50年代到20世纪60年代，剪辑工作才逐渐成为电影生产、创作中一个独立的专业部门。

剪辑虽然也包含着剪接技术，但却是一种艺术创造。因此，剪辑包含了剪接因素，而剪接却无法包括剪辑的全面含义。今天的影视剪辑工作，是要通过蒙太奇技巧完成影视艺术的剪辑任务。要根据一个总体构思计划，把许多镜头分别加以剪裁，巧妙地、有机地、艺术地组合在一起，运用蒙太奇技法处理镜头的连接和段落的转换，使全片达到结构严整、条理通畅、展现生动、节奏鲜明的要求，并有助于揭示和增加画面的内在涵义，增强影片的艺术感染力。

剪辑从导演工作中独立出来很快获得了长足的发展，成为影视镜头的"剧作者"。

1.2.2 影视语言要素

蒙太奇是一种能符合人观察客观世界时的体验和内心映像的表现手段。作为一种表现客观世界的方法，它基本的心理学依据是，蒙太奇重现了人们在环境中随注意力的转移而依次接触影像的内心过程，以及当两个或两个以上的现象在观众面前联系起来时，必然会产生的按照一般的逻辑发生的联想活动。这种过程和活动是有规律的。蒙太奇正是依据这样一种规律，形成了称为大家理解和接受的电影艺术语言。

1. 镜头

一部影片是由若干个移动镜头和固定镜头构成的。移动镜头是指用推、拉、摇、移等不同的拍摄方法摄取的镜头；固定镜头则以被摄对象与摄像机之间不变的位置，因距离不同而分成特写、近景、中景、全景、大远景以及俯、仰等镜头。这些镜头只有当艺术家按照人类观察生活、认识生活的逻辑来加以运用时，才有可能成为电影艺术语言的基本元素。

在日常生活中，人们的注意力总是因为对外界事物进行观察与了解的内心要求和客观事物对我们的吸引而不断转换着方向和距离。这种注意力方向和距离的转换的幅度大小不同，有时只需转动眼珠，有时则需扭过头去，或俯首、仰首，或全身转动，甚至要移动自己身体的位置，走近或走远。这种转换总是在不知不觉中连续不断地进行着的。这种注意力方向和距离的转换，是由处在现实世界中的人类要求不断地注意和认识自己周围的客观世界的一种本能和基本心理状况而决定的。

人们在剧院里观看舞台上的戏剧演出时，被迫采取一种最不自然的角度。这表现在两个方面：一是观众被固定在一个地方，观看在相当距离外的动作和景物时，他既不能走近去细看演员的脸部表情或某一重要道具，又不能随着内心本能的要求去查看发生在舞台边框及景片造成的表演区以外的事物；二是舞台的动作和景物，由于舞台边框的限制，以及为了适应与观众的固定距离，动作和景物经过集中和适度的夸张，使观众不必时时抬头俯首、扭头或走动，就可以一目了然。这就使得剧场里的观众感受与平常在现实生活中的经验完全不同。

而在日常生活中，人们不会也不可能采取这种固定的角度去一目了然地观察被压缩在某种边框内的生活现象。即使从钥匙孔这样一个固定的观察点去看房间内的情景时，人的视点也在不断地改变。他不可能一下子看遍整个房间，他在每一刹那看见的东西，都只是房间内的一部分，甚至是零星的部分而已。房间的整个形象，实际上是由我们依次看到的各个部分组成的，它不是一目了然的整体，而是一种存在于我们记忆里的蒙太奇片段。

这种蒙太奇片段的镜头运用与组接方法，往往因观察者具有不同的心理状态而异。电影艺术家正是依据人们在不同情况下、不同的心理状态所具有的这种特点，全安排构成影片中的某些镜头。这种直接体现主人公内心活动的主观镜头，往往能够把主人公的内心感受生动逼真地传达给观众，使他们感同身受。而在更多情况下，电影导演在叙述中，往往把观众当做一个假想的观察者去运用摄像机的镜头，并借此把观众的注意力连续不断地引向对剧情发展有意义的各个因素。这种注意力的转换与人们平常在生活中观察事物时的自然转移及逻辑顺序是一致的。这是电影的基本方法，也是一种能够更为深刻地揭示现实生活本质的方法。

蒙太奇的原理既然是根据日常生活中人们观察事物的经验建立起来的，那么运用蒙太奇也需要符合一般人的生活规律和思维逻辑。只有这样，电影的语言才会流畅、合理，才能为观众理解。

2. 节奏

在日常生活中，人们的注意力因被周围的活动经常地、本能地吸引着而不断自然转移。但这种转移并不是经常以同等速度进行的。当一个人怀着平静的心态观察周围活动时，其注意力的转移是以十分缓慢悠闲的速度进行的。但如果他在观察或亲自参与某件非常激动人心和变动极快的活动时，他的反应节奏会大大加速。这就是蒙太奇节奏的心理学根据。

一般来说，用快切的手法表现一个安静的场面会造成突兀的效果，使观众觉得跳动太快；但在使观众激动的场面中，把切的速度加快，便能适应观众要求快节奏的心理，从而加强影片对观众的感染力。如表现车祸，一位旁观者在这种突发事件中，有一种急于了解事件进程的内心要求，导演精选的各个片段以短促的节奏剪接在一起，能够适应观众的内心节奏。因此，这种蒙太奇节奏是恰如其分的。

节奏活动的形式与各种生理过程——心脏的跳动、呼吸等都有关系，而构成电影节奏的基础是情节发展的强度和速度，特别是人物内心动作的强度和速度。后面这一点是尤其重要的。节奏则取决于各个镜头的相对长度，而每个镜头的长度又有机地取决于该镜头的内容。

蒙太奇的独特节奏可以表达情绪，但不能仅仅靠蒙太奇的速度来影响观众情绪。蒙太奇的速度是由场面的情绪和内容决定的。电影艺术家只有使剪接的速度同场面的内容相适应，才能使速度的变换流畅，使影片的节奏鲜明。

3. 联想与概括

电影的蒙太奇的思想力量在于，把两个镜头接在一起，能使观众在两组信息之间进行多种多样的对比、联想和概括。"单独的镜头就像是某种含义的充电，当它与另一镜头相接时，就像一个电火花那样释放出来了。"

这就是蒙太奇的巨大思想作用。正因为这样，蒙太奇绝不是纯技术性的剪辑。蒙太奇是电影美学的基石。电影艺术特有的形象思维是蒙太奇思维。

1.2.3　蒙太奇的分类与表现形式

按照表现形式，可以将蒙太奇大致分为平行式蒙太奇、对比式蒙太奇、交叉式蒙太奇、复现式蒙太奇、积累式蒙太奇、叫板式蒙太奇、联想式蒙太奇、隐喻式蒙太奇、错觉式蒙太奇、扩大与集中式蒙太奇和叙述与倒叙述式蒙太奇等，需要根据表现的需要进行选择使用。

1. 平行式蒙太奇

这是一种很古老的蒙太奇表现形式。在影片故事发展过程中，通过两件或三件内容性质上相同，而在表现形式上不尽相同的事，同时异地并列进行，而又互相呼应、联系，起着彼此促进、互相刺激的作用，这种方式就是平行式蒙太奇。

2. 对比式蒙太奇

富与穷、强与弱、文明与粗暴、伟大与渺小、进步与落后等的对比，在影片中是常见的。这也是一种很古老的蒙太奇的形式，早在19世纪，电影的先驱者就用这样的对比表现贫富的悬殊与对立。

3. 交叉式蒙太奇

这种剪辑方法，是把同一时间在不同空间发生的两种动作交叉剪接，构成紧张的气氛和强烈的节奏感，造成惊险的戏剧效果。

4. 复现式蒙太奇

从内容到性质完全一致的镜头画面反复出现，称为复现式蒙太奇。这种蒙太奇总是在剧情发展的关键时刻出现，意在加强影片主题思想或表现不同历史时期的转折。但反复出现的镜头，必须在关键人物的动作线上，只有这样，才能够突出主题，感染观众。这种构成方法，就是复现式蒙太奇。

5. 积累式蒙太奇

这种剪辑方法，是把性质相同而主体形象相异的画面，按照动作和造型特征的不同，用不同的长度剪接成一组具有紧张气氛和强烈节奏感的蒙太奇片段。

6. 叫板式蒙太奇

这种结构方法在故事影片中能承上启下、上下呼应，而且节奏明快，如同京剧中的叫板。

7. 联想式蒙太奇

把内容截然不同的一些镜头画面连续的组接起来，造成一种意义，使人们去推测这个意义的本质，这种剪辑方法即为联想式蒙太奇。

8. 隐喻式蒙太奇

按照剧情的发展和情节的需要，利用景物镜头来直接说明影片主题和人物思想活动，这种剪辑方法即为隐喻式蒙太奇。

9. 错觉式蒙太奇

这种构成方法，首先故意使观众猜想到情节的必然发展，但是在关键时刻，忽然出现转折，下边接上的不是人们预料中的镜头。

10. 扩大与集中式蒙太奇

从特写逐渐扩大到远景，使观众从细部看到整体，造成一种特定的气氛，这就是扩大式蒙太奇；再由远景逐渐进到细部特写，这就是集中式蒙太奇。

11. 叙述与倒叙述式蒙太奇

这种表现方法用于叙述过去经历的事件和未来的想象。例如，影片中的叠印、回忆、幻想、梦境、想象等出现过去与未来景象的画面。

1.2.4　影视节目制作的基本流程

随着影视产业的发展，影视节目的制作已经形成了一个完整的科学体系，其制作流程大致分为前期和后期两个部分。

1. 前期准备

当创意完全确认并获准进入拍摄阶段时，创意部门会将创意的文案、画面说明及故事板呈递给制作部门。将影片的长度、规格、情节、创意点、气氛和禁忌等做必要的书面说明，以帮助制作部门理解该影片的创意背景、目标对象、创意原点及表现风格等。

制作部门将就拍摄脚本、导演阐述、灯光影调、音乐样本、布景方案、演员造型、道具、服装等有关影片拍摄的所有细节部分进行全面的准备。

2. 拍摄

按照指定的拍摄方案，在安排好的时间、地点，由摄制组按照拍摄脚本进行拍摄工作。根据经验和作业习惯，为了提高工作效率，保证表演质量，镜头的拍摄顺序有时并非按照拍摄脚本的镜头顺序进行，而是会将机位景深相同或相近的镜头一起拍摄。另外，拍摄难度较高的镜头通常会最先拍摄，而较易拍摄的镜头通常会安排在最后拍摄。为确保拍摄的镜头足够用于剪辑，每个镜头都会拍摄不只一遍。

3. 后期制作

初剪：初剪也称粗剪。初剪阶段，导演会将拍摄素材按照脚本的顺序拼接起来，剪辑成一个没有视觉特效、没有旁白和音乐的版本。

A 复制：A 复制就是经过初剪的没有视觉特效、没有音乐和旁白的版本。这个版本提供视觉部分修正，也是整个制作流程中第一次看到的效果。

正式剪辑：认可了 A 复制以后，即可进入正式剪辑阶段，这一阶段也被称为精剪。精剪部分要对 A 复制的一些不足进行修改。

特效合成：根据脚本的需要，将特效部分合成到影片中。

配音和配乐：录制对白、旁白和音乐，并由音效剪辑师为影片配上音效。

整合输出：最后一道工序就是将制作好的视频和音频元素以精确的位置合成在一起，并输出到电视播出或其他媒体介质中。

1.3　景别

景别是指由摄影机与被摄体距离的不同而造成的被摄体在影视画面中所呈现出的范围大小的区别。通常来说，景别大致分为远景、全景、中景、近景和特写。不同的景别有不同的功能，景别的因素有两个方面：一是摄影机和被摄体之间的实际距离；二是使用摄影机镜头的焦距长短。两者都可以引起画面上景物大小的变化。这种画面上景物大小的变化所引起的不同取景范围，构成了影视作品中的景别的变化。

景别一般分为 5 种，由远及近依次是远景、全景、中景、近景、特写。如何划分景别，说法不一，没有统一定论，通常是以画格中截取成年人身体部分的多少作为划分的标准的。

不同的景别会产生不同的艺术效果，在电影中，导演和摄影师利用复杂多变的场面调度和镜头角度，交替地使用各种不同的景别，可以使影片剧情的叙述、人物思想感情的表达、人物关系的处理更具有表现力，从而增强影片的艺术感染力。

1.3.1　远景

远景通常是广阔的场面。画面中如果有人，那么，每个人在画面中所占的比例很小，如图 1.9 所示。

图 1.9　远景（一）

远景是所有景别中视距最远、表现空间范围最大的一种景别。远景视野深广、宽阔，画面中人体隐约可辨，但难分辨外部特征，主要用于表现地理环境、自然风貌、战争场面、群众集会等，如图 1.10 所示。

图 1.10　远景（二）

在很多情况下，远景用于表现广阔场面的电影画面。电视节目常以远景镜头作为开头或结尾画面，或作为过渡镜头。

远景在影像中的作用有如下 3 种。

（1）介绍故事发生的地点、环境，一般用于开篇。

（2）用于抒情，主要采用空镜头，如蓝天、白云、飞鸟等。

（3）故事的境界与升华，一般用于故事的结尾。

要拍好远景，必须了解同一场景在不同的季节、不同的时间、不同的天气以及不同的机位都会产生不同的艺术效果。此外，拍远景要尽量避免顺光，应采用测光或侧逆光，使景物具有层次感和表现力。

1.3.2　全景

全景通常展示成年人的全身，如图 1.11 所示。

图 1.11　全景

全景主要用来表现被摄对象的全貌或被摄人体的全身，同时保留一定范围的环境和活动空间。如果说远景重在表现画面气势和总体效果的话，全景则着重揭示画内主体的结构特点和内在意义。

全景可以完整地展现人物的形体动作，并且可以通过形体来表现人物的内心状态；全景可以表现事物或场景全貌，展示环境，并且可以通过环境来烘托人物；全景在一组蒙太奇画面中，具有"定位"作用，指示主体在特定空间的具体位置。

1.3.3　中景

中景通常展示成年人膝盖以上，如图 1.12 所示。

图 1.12　中景

中景是表现成年人膝盖以上部分或场景局部的画面。较全景而言，中景画面中人物整体形象和环境空间降至次要位置。中景往往以情节取胜，既能表现一定的环境气氛，又能表现人物之间的关系及其心理活动，是电视画面最常见的景别。

中景能够展现物体最有表现力的结构线条，能够同时展现人物脸部和手臂的细节活动，表现人物之间的交流，擅长叙事表达。特写、近景只能在短时间内引起观众的兴趣，而远景、全景容易使观众的兴趣飘忽不定，相对而言，中景给观众提供了指向性视点。它既提供了大量细节，又可以持续一定时间，适用于交代情节和事物之间的关系，能够具体描绘人物的神态、姿势，从而传递人物的内心活动。

1.3.4　近景

近景通常展示成年人胸部以上，如图 1.13 所示。

近景是表现成年人胸部以上或物体小块局部的画面。近景以表情、质地为表现对象，常用来细致地表现人物的精神面貌或物体的主要特征，可以产生近距离的交流感。例如，世界各国大多数节目主持人或播音员多是以近景的景别样式出现在观众面前的。

全景、中景、近景这 3 类镜头是一部影视作品中的骨干镜头，或者常用镜头，它们所占的数量比例最大。

图 1.13　近景

1.3.5　特写

特写是表现成年人肩部以上的头像或某些被摄对象细部的画面，是视距最近的画面，如图 1.14 所示。

图 1.14　特写

特写的表现力极为丰富，可以造成强烈的视觉形象，选择、放大细微的表情或细部特征可以引起视觉注意。特写可以强化观众对细部的认识，以细部来寓意深层含义，抒发人物的内心情感；还可以把画内情绪推向画外，分割细部与整体，制造悬念。因此特写镜头"不仅在空间上和我们的距离缩短了，而且可以超越空间，进入另一个领域，精神领域，或称心灵领域"，它"作用于我们的心灵，而不是我们的眼睛"。

正因为特写能够短暂地吸引观众的视觉注意，具有惊叹号的作用，所以在编辑中往往成为一组蒙太奇句子中的表现重心。它又被称为万能镜头，当画面中出现跳轴镜头时，将特写镜头插入中间，可以弥补转场或跳轴带来的突兀感。

特写在影像中的作用主要有以下两点。

（1）特写是影像艺术的重要表现手段之一，是区别于戏剧艺术的主要标志。

（2）特写能够有力地表现被摄主体的细部和人物细微的感情变化，是通过细节刻画人物、表现复杂的人物关系、展示丰富的人物内心世界的重要手段。

1.4　运用镜头的技巧

镜头的运动方式主要有推、拉、摇、移、跟、晃动、手持、旋转、升降等。

1.4.1　推拉镜头

1. 推镜头

摄影机向前移动，或调动镜头焦距产生景别由大到小的变化称为推镜头。推镜头与变焦镜头有所不同，虽然两者都是朝一个主体的目标运动，拍摄的主体会逐渐放大，但位移的推镜头在推的过程中有透视变化，视觉上有慢慢靠近的感觉；而变焦镜头没有透视变化，只是突显要强调的部分。

推镜头的特点和主要作用有以下几种。

（1）画面由远到近，介绍故事发生的地点。通过镜头的移动（摄像机前行）把观众带入故事环境。很多影片以推镜头开场，如电影《勇敢的心》的开头，用航拍镜头沿着一条小溪前行，穿过层层迷雾，溯源到故事的发源地苏格兰，开始讲述这个传奇的历史故事。

（2）介绍环境与人物的关系。

（3）突出一个重要的戏剧元素。把被摄主体（人或者物）从众多的被摄对象中凸显出来。

（4）描写细节，突出重点，强调重要的叙事元素。突出人物身体某一部分表演的表现力，强调、夸张某一被摄物体的局部，如脸、手、眼睛等（多采用变焦距镜头）。

（5）代表剧中人物的主观视线和表现人物的内心感受，表达"来临"、"进入"、"探询"等心理效果。

2. 拉镜头

拉镜头分为两种情况：第一种是摄影机沿视线方向向后移动，相当于人眼后退；第二种是采取变焦距镜头，从长焦距调至短焦距，使拍摄的范围越来越大，画面形象由局部扩大到全部。

这两种方法在意义表达上有区别：变焦距镜头拉的主要特征是主观性，摄影机后退的主要特征则是客观性。使用变焦距镜头往往带有强调的成分。

拉镜头的特点和主要作用有以下几种。

（1）画面形象由局部扩大到全部，从微观到宏观，将观众的注意力从细节引向环境。信息量的介入，表现被摄主体与它所处环境的关系。通过镜头在空间中远离，以表现道德思想上的突破，如孤独感、痛苦感、无能为力感和死亡感等。如《毕业生》开头的一段，镜头从主人公脸的特写开始，观众不知道他在哪里，在干什么。镜头拉开，慢慢显现出全景画面，原来他在飞机场。拉镜头给观众期待和思考的空间。

（2）在视觉上，拉镜头给人的感受是"后退"，可以表达告别、退出、完结等心理效果，可模拟人的远离。

（3）结束一个段落或者为全篇结尾。例如，《乱世佳人》中的一场，摄影机先拍摄女主角的特写，慢慢向后拉高，银幕上出现成千上万的死伤士兵，最后在极远景时停下，远处的旗杆前，一面破烂的南军军旗在风中摇摆犹如破布。该镜头传达出遭战火蹂躏及失落的场景，有着史诗般的效果，如图1.15所示。

图1.15　拉镜头

1.4.2　摇镜头

摇镜头是指在拍摄一个镜头时，摄影机的机位不动，只有机身做上下、左右的旋转等运动，其原理类似于人站着不动，只转动头部去观察事物一样。

摇镜头的主要作用有以下 6 点。

（1）介绍环境，描述场景空间景物，起到引见、展示的作用。例如，拍摄人、物体及远处的风景。

（2）介绍人和物，画面从一个被摄主体转向另一个被摄主体，为观众读取画面的信息，一般从起幅开始摇，然后停幅，最后落幅停止，交代展示画面信息。例如，展现会场上的人物、展示模特身上的服装。

（3）表现画面事物两者之前的联系和关系。生活中许多事物经过一定的组合会建立某种特定的关系，如果将两个物体或事物分别安排在摇镜头的起幅和落幅中，通过镜头摇动将这两点连接起来，这两个物体或事物的关系会被镜头运动造成的连接提示或暗示出来。例如，"从电视机摇摄到正在看电视的人"，展示了人在看电视的活动。

（4）代表剧中人物的主观视线，表现剧中人物的内心感受。在镜头组接中，当前一个镜头表现一个人环视四周，下一个镜头用摇摄所表现的空间就是前一个镜头中的人看到的空间。此时摇镜头表现了戏中人的视线而成为一种主观性镜头。

（5）表现人物的运动。这时摇镜头类似于人的眼睛，跟踪着运动的物体。例如，在马路上看到某辆吸引人的汽车，会情不自禁地转头去看。又如，在电视体育节目中经常看到的赛车，摄像机在场地中心随奔驰的车摇动，观众通过画面可以在较长的时间内清楚地看到赛车地动态。

（6）用摇摄来表现一种悬念。由于摇摄时镜头的运动特性能够满足观众对进入镜头中新鲜事物的需求，而进入镜头的事物是观众不可预知的，因此，利用这一特性，可以在摇摄的落幅中安排让观众出乎意料的事物，从而给观众带来一种悬念。例如，在摇镜头的起幅镜头中安排一个在草地上睡觉的小孩，在落幅中安排一条向小孩移动的蛇，观众自然会紧张起来。

（7）在使用摇镜头时，要避免空摇，应该用被摄物把空摇变成跟摇；注意摇的时间长度、信息量的安排；注意落幅和起幅的画面构图的效果，如果只能选择其一进行强调，则一般选择落幅。

1.4.3　移镜头

将摄影机架在活动物体上，沿水平方向做各方面的移动而进行的拍摄方式称为移镜头。移镜头有两种情况：第一种是人不动，摄影机动；第二种是人和摄影机一起动（接近"跟"，但是速度不一样）。

移镜头的特点和作用有以下 4 点。

（1）移镜头使画面框架始终处于运动状态，开拓画面造型空间，创造独特视觉艺术效果。

（2）它可在一个镜头中构成一种多构图的造型效果。在表现大场面、大纵深、多景物、多层次等复杂场景方面具有气势恢宏的造型效果。

（3）摄像机运动唤起了人们行走时的视觉体验，可以表现某种主观倾向，创造出有强烈主观色彩的镜头，使画面更加生动，真实感和现场感更强。

（4）前、后、横和曲线移 4 种移镜头，摆脱了定点摄影的束缚，表现出各种运动条件下的视觉效果。移动摄影的拍摄要力求画面平稳，应用广角镜头，注意随时调整焦点，确保被摄主体在景深范围内。

1.4.4　跟镜头

摄影机跟随被摄主体一起运动而进行的拍摄镜头称为跟镜头，摄影机的运动速度与被摄主体的运动速度一致，被摄主体在画面构图中的位置基本不变，画面构图的景别不变，而背景的空间始终处于变化中。

跟镜头的特点和作用有以下 4 点。

（1）被摄主体在画框中处于一个相对稳定的位置上，而背景、环境则始终处于变化中。它能够连续而详尽地表现运动主体。

（2）画面跟随一个运动主体（人物或物体）一起移动，形成一种运动主体不变、背景变化的造型效果。

（3）跟镜头景别相对稳定。观众与被摄人物视点的合一，可以表现出一种主观性镜头。

（4）跟镜头与推镜头、移镜头的画面造型有差异。跟镜头具有较强的真实性，一般运用肩扛的方法进行拍摄，对人物、事件、场面进行跟随记录，在纪实性新闻拍摄中常用。

1.4.5　升降镜头

升降镜头是把摄影机安放在升降机上，借助升降装置一边升降一边拍摄。

升降镜头的特点与作用有以下 5 点。

（1）有利于表现高大物体的各个局部。

（2）常用来展示事件或场面的规模、气势和氛围。

（3）有利于表现纵深空间中点和面之间的关系。

（4）可实现一个镜头内的内容转换与调度。

（5）可以表现出画面内容中感情状态的变化。

升降镜头拍摄时需注意升降镜头的升降幅度要足够大，要保持一定的速度与韵律感。

镜头的运动在一部影像作品的实际拍摄中，推、拉、摇、移、跟等各种运动形式并不是孤立的，往往是各种形式千变万化综合在一起运用的，不应该把它们严格分开，要根据实际需要来完成。

1.5　镜头组接的基本知识

把一个片子的每一个镜头按照一定的顺序和手法连接起来，成为一个具有条理性和逻辑性的整体，这种构成的方法和技巧称为镜头组接。

镜头组接可以增强作品的艺术感染力，使作品成为一个呈现现实、交流思想、表达感情的整体。

1.5.1　镜头组接的规律

在影视制作的过程中，前期拍摄与后期制作相辅相成，在后期剪辑与合成的过程中，很多时候镜头的组接要遵循一定的规律。

1. 镜头的组接必须符合观众的思想方式和影视表现规律

镜头的组接要符合生活的逻辑、思维的逻辑。不符合逻辑观众就看不懂。做影视节目要表达的主题与中心思想一定要明确，在这个基础上才能确定根据观众的心理要求，即思维逻辑选用哪些镜头，怎么样将它们组合在一起。

2. 景别的变化要采用"循序渐进"的方法

一般来说，拍摄一个场面的时候，"景"的发展不宜过分剧烈，否则不容易连接起来。相反，"景"的变化不大，同时拍摄角度变换亦不大，拍出的镜头也不容易组接。由于以上的原因在拍摄的时候"景"的发展变化需要采取循序渐进的方法。循序渐进地变换不同视觉距离的镜头，可以造成顺畅的连接，形成了各种蒙太奇句型。

前进式句型：这种叙述句型是指景物由远景、全景向近景、特写过渡，用来表现由低沉到高昂向上的情绪和剧情的发展。

后退式句型：这种叙述句型由近到远，表示由高昂到低沉、压抑的情绪，在影片中表现由细节到扩展到全部。

环形句型：把前进式和后退式的句子结合在一起使用。由全景-中景-近景-特写，再由特写-近景-中景-远景，或者反过来运用。表现情绪由低沉到高昂，再由高昂转向低沉。这类的句型一般在影视故事片中较为常用。

在镜头组接的时候，如果遇到同一机位，同景别又是同一主体的，则画面是不能组接的。因为这样拍摄出来的镜头景物变化小，一副副画面看起来雷同，接在一起好像同一镜头不停地重复。此外，这种机位、景物变化不大的两个镜头接在一起，只要画面中的景物稍有一变化，就会在人的视觉中产生跳动或者好像一个长镜头断了好多次，有"拉洋片"、"走马灯"的感觉，破坏了画面的连续性。

如果遇到这样的情况，除了把这些镜头从头开始重拍以外（这对于镜头量少的节目可以解决问题），对于其他同机位、同景物的时间持续长的影视片来说，采用重拍的方法就显得浪费时间和财力了。最好的办法是采用过渡镜头。如从不同角度拍摄再组接，穿插字幕过渡，使表演者的位置、动作变化后再组接。这样组接后的画面不会产生跳动、断续和错位的感觉。

3. 镜头组接中的拍摄方向，轴线规律

主体物在进出画面时，拍摄需要注意拍摄的总方向，从轴线一侧拍摄，否则两个画面接在一起主体物就会"撞车"。

所谓的"轴线规律"是指拍摄的画面是否有"跳轴"现象。在拍摄的时候，如果拍摄机的位置始终在主体运动轴线的同一侧，那么构成画面的运动方向、放置方向都是一致的，否则会"跳轴"，跳轴的画面除了特殊的需要以外是无法组接的。

4. 镜头组接要遵循"动接动"、"静接静"的规律

如果画面中同一主体或不同主体的动作是连贯的，可以动作接动作，达到顺畅、简洁过渡的目的，简称为"动接动"。如果两个画面中的主体运动是不连贯的，或者它们中间有停顿，那么这两个镜头的组接，必须在前一个画面主体做完一个完整动作停止后，接上一个从静止到开始的运动镜头，这就是"静接静"。"静接静"组接时，前一个镜头结尾停止的片刻称为"落幅"，后一镜头运动前静止的片刻称为"起幅"，起幅与落幅时间间隔为一二秒。运动镜头和固定镜头组接，同样需要遵循这个规律。如果一个固定镜头要接一个摇镜头，则摇镜头开始要有起幅；相反，如果一个摇镜头接一个固定镜头，那么摇镜头要有"落幅"，否则画面就会给人一种跳动的视觉感。为了特殊效果，也有静接动或动接静的镜头。

1.5.2 镜头组接的节奏和时间长度

1．镜头组接的节奏

影视节目的题材、样式、风格及情节的环境气氛、人物的情绪、情节的起伏跌宕等是影视节目节奏的总依据。影片节奏除了通过演员的表演、镜头的转换和运动、音乐的配合、场景的时间空间变化等因素体现以外，还需要运用组接手段，严格掌握镜头的尺寸和数量。整理调整镜头顺序，删除多余的枝节才能完成。

处理影片节目的任何一个情节或一组画面，都要从影片表达的内容出发来处理节奏问题。如果在一个宁静祥和的环境里使用了快节奏的镜头转换，就会使得观众觉得突兀跳跃，心理难以接受。然而在一些节奏强烈，激荡人心的场面中，应该考虑到种种冲击因素，使镜头的变化速率与青年观众的心理要求一致，以增强青年观众的激动情绪达到吸引和模仿的目的。

2．镜头组接时间长度

在拍摄影视节目的时候，每个镜头的停滞时间长短，首先是根据要表达的内容难易程度、观众的接受能力来决定的，其次要考虑到画面构图等因素。如由于画面选择景物不同，包含在画面的内容也不同。远景、中景等镜头大的画面包含的内容较多，观众需要看清楚这些画面上的内容，需要的时间就相对长一些，而对于近景、特写等镜头小的画面，所包含的内容较少，观众只需要短时间即可看清，所以画面停留时间可短一些。

另外，一幅或者一组画面中的其他因素，也对画面长短直到了制约作用。如同一个画面亮度大的部分比亮度暗的部分能引起人们的注意。因此该幅画面要表现亮的部分时，长度应该短一些，要表现暗部分的时候，则长度应该长一些。在同一幅画面中，动的部分比静的部分先引起人们的视觉注意。因此，当重点要表现动的部分时，画面要短一些；表现静的部分时，则画面持续长度应该稍微长一些。

1.5.3 镜头组接的方法

1．连接组接

连接组接：相连的两个或者两个以上的镜头表现同一主体的动作。

2．队列组接

队列组接：相连镜头但不是同一主体的组接。由于主体的变化，观众会联想到上下镜头的关系，起到呼应、对比、隐喻的作用。

3．黑白格组接

黑白格组接：将所需要的闪亮部分用白色画格代替，组接若干黑色画格，或者用黑白相间的画格交叉，可以形成一种特殊的视觉效果。

4．两级镜头组接

两级镜头组接：从特写镜头直接切换到全景镜头，或者从全景镜头直接切换到特写镜头；是情节的发展在动中转静或者在静中变动，形成突如其来的变化，产生特殊的视觉和心理效果。

5．闪回镜头组接

闪回镜头组接：用闪回镜头，如插入人物回想往事的镜头，可以用来揭示人物内心的变化。

6. 同镜头组接

同镜头组接：将同一个镜头分别在几个地方使用。运用这种组接技巧，或者因为所需要的画面素材不够；或者有意重复某一镜头，用来表现某一人物的追忆；或者为了强调某一画面特有的象征性含义，启发观众的思考；或者为了形成首尾相互呼应，从而达到艺术结构的完整严谨。

7. 拼接

拼接：有时，虽然拍摄的时间相当长，但可用的镜头很短，达不到需要的长度和节奏。在这种情况下，如果有同样或相似内容的镜头，则可以把它们当中可用的部分拼接，以达到节目画面要求的长度。

8. 插入镜头组接

插入镜头组接：在一个镜头中间切换，插入另一个表现不同主体的镜头。

9. 动作组接

动作组接：借助动作的可衔接性、连贯性和相似性，作为镜头的转换手段。

10. 特写镜头组接

特写镜头组接：上个镜头以某一人物或物体的特写画面结束，然后从这一特写画面开始，逐渐扩大视野，展示另一情节的环境。其目的是为了当观众注意力集中在某一人物或物体时，在不知不觉中转换场景和叙述内容，而不使人产生陡然跳动的感觉。

11. 景物镜头组接

景物镜头组接：在两个镜头之间借助景物镜头作为过渡，可以展示不同的地理环境和景物风貌，表示时间和季节的变换，也是以景抒情的表现手法。

镜头的组接方法多种多样，主要根据内容的需要而定，没有具体的规定和限制。

本章小结

本章对影视剪辑中最基础、最常用的概念进行了详尽的叙述，对常用剪辑艺术理论核心——蒙太奇理论进行了全面而系统的阐述，为影视剪辑打下了坚实的影视艺术基础，同时结合前期拍摄对景别与镜头运用技巧进行了恰到好处的介绍，帮助读者开阔视野，对剪辑水平的提高大有裨益。

第2章

Premiere Pro CC 剪辑技巧

教学目标与要点：

❖ 熟悉软件界面操作及用 PR 剪辑的基本流程。

❖ 掌握 Premiere 剪辑的基本操作，包括复制、移动素材、分离与组合素材及面板操作、监视器操作。

❖ 理解入点、出点概念，掌握三点、四点操作。

❖ 掌握剪辑工具的应用技巧。

❖ 掌握标记的应用技巧和多机位剪辑。

2.1 Premiere Pro CC 入门

2.1.1 工作界面介绍

1. 工作区的介绍与设置

选择"窗口"→"工作区"命令，查看子菜单可以发现 Premiere Pro CC 预置了下面几种工作空间方案，如图 2.1 所示。

元数据记录：视频信息数据，方便查看素材信息。

效果：方便为素材添加特效。

编辑：最全面的工作区，默认的工作区域。

颜色校正：色彩校正工作区域。

音频：方便对音频信息进行处理。

组件：方便对素材信息进行处理。

选择以上任何一种都可以应用该界面方案，它们各有千秋，适用于不同场合。

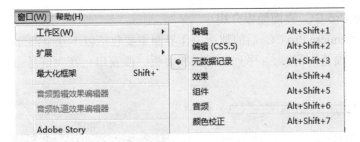

图 2.1　"工作区"子菜单

此外，还可以将自定义的工作空间存储起来，随时调用。选择"窗口"→"工作区"→"新建工作区"命令，在弹出的"新建工作区"对话框中输入工作空间的名称，如图 2.2 所示。

图 2.2　"新建工作区"对话框

单击"确定"按钮，定义好的工作区名称会出现在"窗口"→"工作区"的子菜单中，如图 2.3 所示。

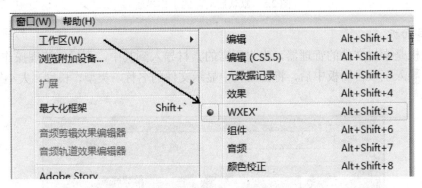

图 2.3　切换工作区

选择"窗口"→"工作区"→"删除工作区"命令，可以在弹出的"删除工作区"对话框的"名称"下拉列表中选择要删除的自定义工作区，如图 2.4 所示。单击"确定"按钮即可将其删除。

图 2.4　"删除工作区"对话框

2. Premiere Pro CC 界面面板介绍

启动 Adobe Premiere Pro CC 后的默认工作界面主要包括以下几个部分：菜单栏、工具栏、项目面板、节目（预览）窗口、（序列）时间线面板、源窗口、音频信息面板。启动后的工作界面如图 2.5 所示。

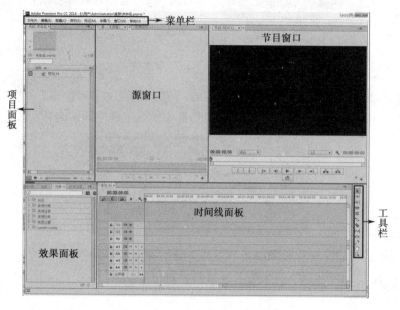

图 2.5　默认启动后的工作界面

1）项目面板

项目面板是素材文件的管理器，先将所需的素材导入到其中，再进行管理操作。

将素材导入至项目面板中后，将会在其中显示文件的名称、类型、长度、大小等信息，如图 2.6 所示。

图 2.6　项目面板

2）监视器

监视器是用来播放和监控节目内容的窗口，主要分为源监视器（左）和节目监视器（右），如图2.7所示。监视器不仅可以用来播放和预览，还可以进行一些基本的编辑操作。

（a）　　　　　　　　　　　　　（b）

图2.7　监视器

3）时间线面板

时间线面板是装配素材片段和编辑节目的主要场所，素材片段按时间的先后顺序及合成的先后层顺序在时间线上从左至右、由上及下排列，可以使用各种编辑工具在其中进行编辑操作，如图2.8所示。

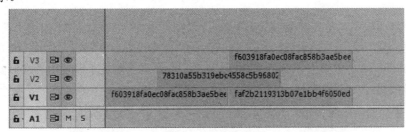

图2.8　时间线面板

4）工具栏

工具栏又称工具箱，其中包含各种在时间线面板中进行编辑的工具，如图2.9所示。一旦选中某个工具，鼠标指针在时间线面板中便会显现出此工具的外形，并具有其相应的编辑功能。

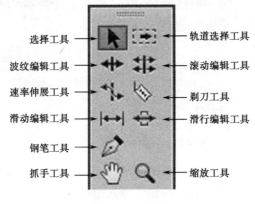

图2.9　工具栏

2.1.2　剪辑工作流程

（1）启动 Premiere Pro CC，在进入的欢迎界面中，单击"新建项目"按钮，在弹出的"新建项目"对话框中输入名称"万物复苏"，设置好项目文件的存放位置，单击"确定"按钮，如图 2.10 所示。

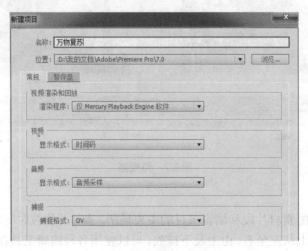

图 2.10　"新建项目"对话框

（2）在项目面板中，单击"新建"按钮 ，选择"序列"命令，在弹出的"新建序列"对话框中选择"设置"选项卡，设置"编辑模式"为"自定义"，"时基"为"25.00 帧/秒"，"帧大小"中的"水平"和"垂直"分别为"240"、"192"，"像素长宽比"设置为"方形像素（1.0）"，单击"确定"按钮，如图 2.11 所示。

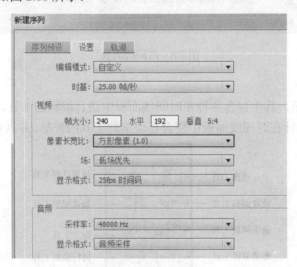

图 2.11　"新建序列"对话框

（3）在项目面板的空白处双击，在弹出的"导入"对话框中选择"工程文件与素材\第 2 章\万物复苏"中的素材，单击"打开"按钮，导入素材，如图 2.12 所示。

图 2.12　导入素材

（4）选择项目面板中的所有视频素材，拖动至时间线面板中"视频 1"轨道上的开始位置，如图 2.13 所示。

图 2.13　排列视频素材

（5）在项目面板中选中"01.wav"音频素材，并拖动至时间线面板中"音频 1"轨道上的开始位置，如图 2.14 所示。

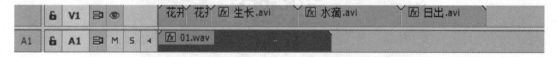

图 2.14　排列音频素材

（6）框选时间线面板中"视频 1"轨道上后 3 段素材并往左拖动，直到与下方音频素材出点位置保持一致，如图 2.15 所示。

图 2.15　移动视频素材

（7）选择"文件"→"导出"→"媒体"命令，在弹出的"导出设置"对话框中设置参数"格式"为"H.264"，并设置好输出路径与文件名称，单击"导出"按钮，如图 2.16 所示。

图 2.16　"导出设置"对话框

2.2　剪辑基础操作

2.2.1　素材基础操作

1. 素材的复制与粘贴

在剪辑过程中，有时会有重复的素材效果出现，这时可以使用复制和粘贴的方法来方便快捷地进行操作。下面用一个案例来介绍素材的复制与粘贴的方法。

（1）选择时间线面板中需要进行复制的素材文件，选择"编辑"→"复制"命令（快捷键为 Ctrl+C），如图 2.17 所示。

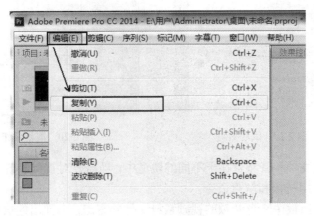

图 2.17　复制素材

（2）选择要进行粘贴素材的轨道，然后将时间线指针拖到指定位置，选择"编辑"→"粘贴"命令（快捷键为 Ctrl+V），如图 2.18 所示，即可将素材粘贴到时间指针所在的位置。

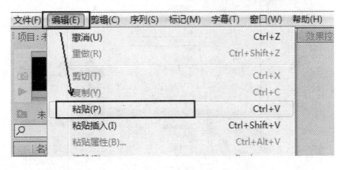

图 2.18　粘贴素材

2. 分离与组合音频、视频素材

成组命令可以对部分文件进行成组操作，非常方便对素材的统一移动、裁切，而不需要时可以选择文件进行解组。

（1）选择时间线面板中需要编组的素材，选择"剪辑"→"编组"命令，如图 2.19 所示。

（2）编组完成后，选择该组中的任何素材即可选择整个组，此时可以统一进行移动、裁剪等操作。

（3）若要解除编组关系，可以选择该组素材，选择"剪辑"→"取消编组"命令，如图 2.20 所示。

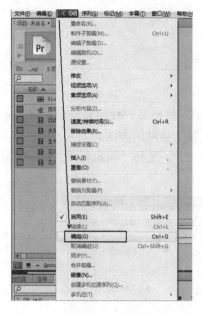

图 2.19　编组素材

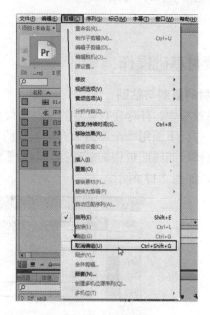

图 2.20　取消编组

Premiere 软件的视频和音频存在于不同的轨道中，当需要对视频和音频文件进行独立或合并的操作时，可以使用链接和解除命令。

（1）选择时间线面板中带有音频的视频素材文件并右击，在弹出的快捷菜单中选择"取消链接"命令，或者选择"剪辑"→"取消链接"命令，如图 2.21 所示。

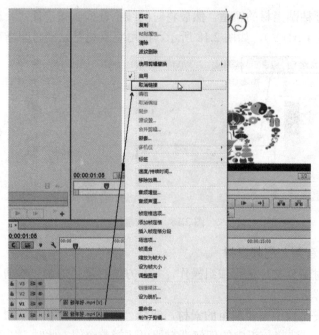

图 2.21　取消音视频链接

（2）此时即可解除该素材的视音频链接，可以分别选择视频部分和音频部分进行独立操作。

（3）需要将不同的视频和音频进行合并时，可以选择需要合并的视频和音频轨道上的素材文件并右击，在弹出的快捷菜单中选择"链接"命令，或者选择"剪辑"→"链接"命令，如图 2.22 所示。

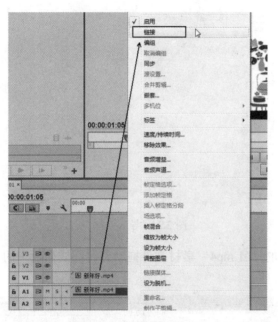

图 2.22　链接音视频

3. 调整素材播放速度

在 Premiere 中可以对视频或音频的播放速度进行修改，持续时间也会自动进行匹配修改。

（1）启动 Premiere Pro CC，新建项目，在弹出的"新建序列"对话框中选择"DV-PAL"下面的"标准 48kHz"选项，输入"序列名称"，单击"确定"按钮，如图 2.23 所示。

图 2.23　"新建序列"对话框

（2）在项目面板中的空白处双击或按快捷键 Ctrl+I，在弹出的"导入"对话框中选择所需素材文件，并单击"打开"按钮，如图 2.24 所示。

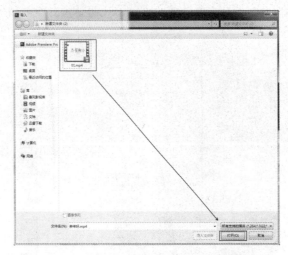

图 2.24　导入素材

（3）将项目面板中的"01.mp4"素材文件拖动到时间线面板中的"视频 1"轨道上，如图 2.25 所示。

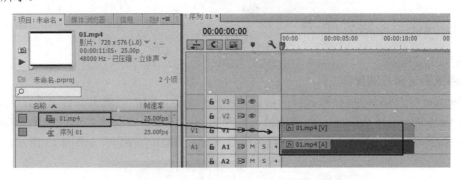

图 2.25　拖动素材到时间线面板中

（4）选择时间线面板中"视频 1"轨道上的"01.mp4"素材并右击，在弹出的快捷菜单中选择"速度/持续时间"命令，在弹出的"剪辑速度/持续时间"对话框中设置"速度"为"240%"，并单击"确定"按钮，如图 2.26 所示。

图 2.26　"剪辑速度/持续时间"对话框

（5）可拖动时间指针查看最终视频变换效果，如图 2.27 所示。

图 2.27　预览视频效果

2.2.2　时间线与轨道操作

1. 时间线面板概览

在时间线面板中，每个序列都可以包含多个平行的视频轨道和音频轨道。项目中的每个序列都以标签的形式出现在时间线面板中。序列中至少包含一个视频轨道，多视频轨道可以用来合成素材。带有音频轨道的序列必须包含一条主控音频轨道以进行整合输出。多轨音频可以用于音频混合，如图 2.28 所示。

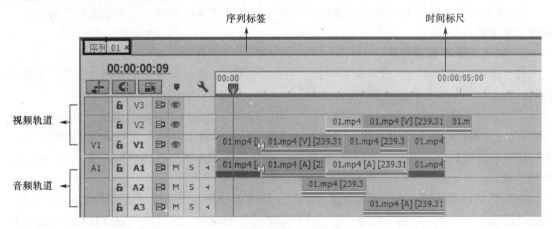

图 2.28　时间线面板概览

2. 时间线面板基本操作

时间线面板中包含常用的按钮和选项，2.29 所示。

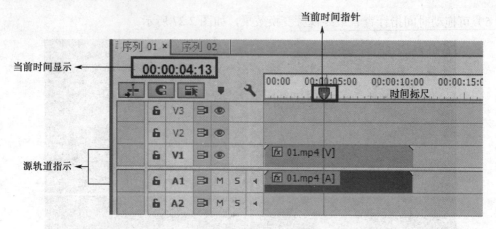

图 2.29　时间线面板

（1）时间标尺：使用与项目设置保持一致的时间度量方式横向测量序列时间。刻度和相应的数字沿标尺进行显示，以指示序列时间。时间标尺上还显示标记、序列入点和出点等图标。

（2）当前时间指针：在序列中设置当前帧的位置，当前帧会在节目窗口中进行显示。当前时间指针在时间标尺上显示为一个蓝色三角指针。其延展出来的一条红色时间指示线纵向贯穿整个时间线面板，可以通过拖动当前时间指针的方式更改当前时间。

（3）当前时间显示：在时间线面板中显示当前帧的时间码。将其单击激活后可以输入新的时间，或拖动时间指针也可以更改时间。

知识点提示：

在窗口或时间线面板中，按住 Ctrl 键的同时单击当前时间显示，可以切换时间的显示方式。

① 工作区域条：设置要进行预览或输出的序列部分。工作区域条位于时间标尺的下半部分。

② 视图控制：改变时间标尺的显示比例以增加或减少显示细节。视图控制位于时间线面板的左下部分。

3. 轨道的基本管理方法

每个序列中都包含一个或多个平行的视频和音频轨道，在对轨道中的素材片段进行编辑的同时，还会应用到各种轨道控制方法。

添加素材片段到时间线面板中的轨道中，可以添加或删除轨道及对轨道进行重命名。选择"序列"→"添加轨道"命令，弹出"添加轨道"对话框，在其中输入添加轨道的数量，选择添加位置和音频轨道的类型，如图 2.30 所示。设置完成后，单击"确定"按钮，即可按设置添加轨道。

单击轨道控制区域，选中需要删除的轨道，每次可以指定一条视频轨道或一条音频轨道，选择"序列"→"删除轨道"命令，弹出"删除轨道"对话框，在其中可以选择删除指定轨道或所有空轨道，如图 2.31 所示。设置完成后，单击"确定"按钮，即可按设置删除轨道。轨道删除后，其上的素材片段也被从序列中删除。

右击轨道控制区域，在弹出的快捷菜单中选择"重命名"命令，输入新的名称，按 Enter 键将轨道重命名，如图 2.32 所示。

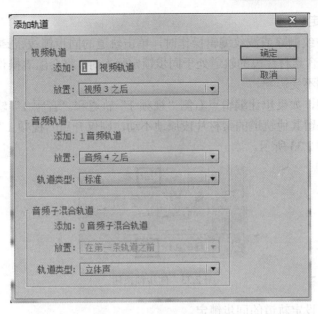

图 2.30　"添加轨道"对话框

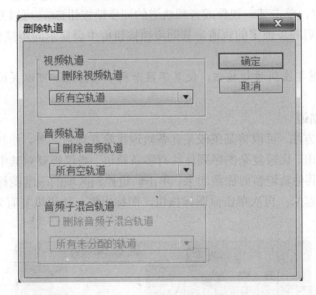

图 2.31　"删除轨道"对话框

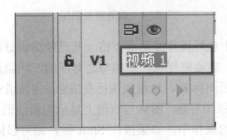

图 2.32　重命名轨道名

4．使用同步锁定

当进行插入、波纹删除或波纹编辑操作时，单击轨道的同步锁按钮 ，可以设定哪些轨道会受到影响。当包含素材片段的轨道处于同步锁定状态时，将会随着操作而对轨道中的内容进行调整；反之，则不受影响。

以插入编辑为例，如果想让编辑点右侧"视频 1"轨道和"音频 1"轨道上的所有素材片段向右侧调整，而保留其他轨道的素材片段原地不动，则仅开启"视频 1"轨道和"音频 1"轨道的同步锁，如图 2.33 所示。

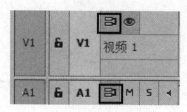

图 2.33　同步锁按钮

使用如下操作可设定轨道的同步锁定。

（1）单击位于视频或者音频轨道头的同步锁按钮 ，开启所选轨道的同步锁定。

（2）按住 Shift 键，单击某一视频或音频轨道的同步锁按钮 ，可以开启所有视频或音频轨道的同步锁定。开启同步锁定的轨道，其同步锁按钮框中会显示同步锁标记 。

知识点提示：

再次按住 Shift 键单击同步锁按钮，使其不显示同步锁标记，可以关闭某轨道或某类型所有轨道的同步锁定。

5．隐藏与锁定轨道

通过隐藏轨道的方法，可以将某条或某几条轨道排除在项目之外，使其上的素材片段暂时不能被预览或参与输出。比较复杂的序列往往有多条轨道，当仅需要对其中某条或某几条轨道进行编辑时，可以将其他轨道暂时隐藏起来。单击轨道控制区域的眼睛图标 使其隐藏，可以将视频轨道暂时隐藏起来；再次单击原图标按钮，图标出现，轨道恢复有效性，如图 2.34 所示。

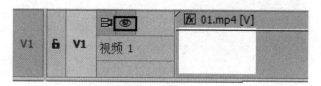

图 2.34　轨道显示图标

在编辑过程中，为了防止意外操作经常需要将一些已经编辑好的轨道进行锁定。为了保持素材片段视频与音频的同步，需要将视频轨道和与之对应的音频轨道分别进行锁定。单击轨道区域中轨道名称左边的轨道锁图标 ，轨道锁图标变成 ，将轨道锁定，轨道上显示斜线，如图 2.35 所示。再次单击轨道锁图标 ，图标与轨道上显示的斜线消失，轨道被解除锁定。

在隐藏轨道或锁定轨道的操作中，如果按住 Shift 键，则可以同时将所有同类型的轨道进行隐藏或锁定。

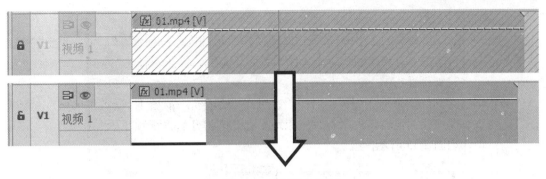

图 2.35 轨道锁效果

知识点提示：

锁定的轨道无法作为目标轨道，其上的素材片段也无法被编辑操作，但可以进行预览或输出。

2.2.3 监视器

1. 源监视器与节目监视器概览

默认状态下，监视器包含两个主要组成部分：左侧为源监视器，用于显示源素材片段。双击项目面板或时间线面板中的素材片段或使用鼠标将其拖动到源监视器中，可以在源监视器中显示该素材；右侧为节目监视器，用于显示当前序列。每个监视器底部的控制面板用于控制播放预览和进行一些编辑操作，如图 2.36 所示。

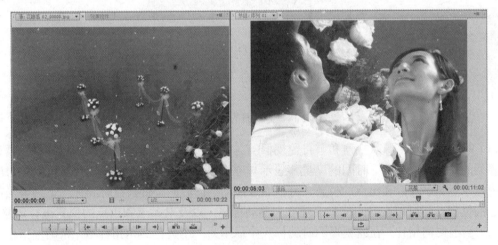

图 2.36 监视器

默认状态下，最常用的按钮显示在监视器面板的底部。单击面板右下角的编辑按钮➕，打开"按钮编辑器"，如图 2.37 所示。将需要的按钮从"按钮编辑器"中拖动到面板中的按钮区域，按钮区域中的按钮也可以通过拖动的方式改变位置，拖动出按钮区域，可以删除按钮，最多可以容纳两排按钮。单击"确定"按钮，完成设置，单击"重置布局"按钮，恢复默认状态。单击设置按钮🔧，在弹出的子菜单中选择"显示传送控件"命令，取消勾选此复选框，可以隐藏所有按钮。

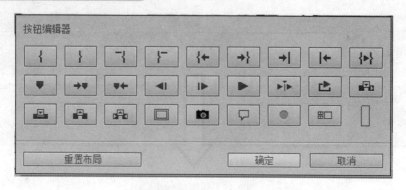

图 2.37　按钮编辑器

知识点提示：

　　鼠标指针悬停在按钮上，会显示按钮的快捷键。善于使用快捷键进行操作的用户，可以使用此方法隐藏所有按钮。

　　2. 监视器面板的时间控制

　　源监视器和节目监视器中都包含时间标尺、当前时间指针、当前时间显示、持续时间显示和显示区域条等，以用于播放控制，如图 2.38 所示。

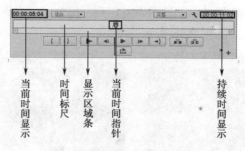

图 2.38　监视器的播放控制

　　（1）时间标尺：在源监视器和节目监视器的时间标尺中，分别以刻度尺的形式显示素材片段或序列的持续时间长度。时间的度量和显示与项目设置保持一致。每个标尺还可以在对应监视器中显示标记、入点和出点的位置。可以通过拖动当前时间指针，在时间标尺上调整当前时间指针的位置；还可以在时间标尺上建立和移动标记，以及对入点和出点的位置进行调整。

　　（2）当前时间指针：在监视器的时间标尺中显示为一个蓝色三角指针 ，精确地指示当前帧的位置。

　　（3）当前时间显示：在每个监视器视频的左下方显示当前帧的时间码。在源监视器中显示打开素材的当前时间，而在节目监视器中显示序列的当前时间。将其单击激活后可以输入新的时间，将鼠标指针放在上方进行拖动也可以更改时间。

　　（4）持续时间显示：在每个监视器中，视频的右下方显示当前打开素材片段或序列的持续时间。持续时间不同于素材片段或序列中入点到出点之间的时间。当并未设置入点和出点时，持续时间指整段素材的时间长度，而当设置了入点和出点之后，持续时间指的是入点到出点的时间长度。

（5）显示区域条：表示每个监视器中时间标尺上的可视区域。它是两个端点都带有柄的细条 ![], 处于时间标尺的上方。可以通过拖动柄改变显示区域条的长度，从而改变下方时间标尺的显示比例。当将显示区域条拓展为最大尺寸时，可以显示时间标尺的全程。缩短显示区域条可以放大时间标尺，以查看更多细节。拖动显示区域条的中心位置，可以在不改变显示比例的情况下滚动时间标尺的可视区域。

知识点提示：

尽管节目监视器中的当前时间指针的位置与时间线面板中当前时间指针的位置是同步关联的，但更改节目监视器面板中的时间标尺和显示区域条不会影响时间线面板中的时间标尺和显示区域。

3. 在监视器中显示安全区域

安全区域指示线仅能用于编辑时进行参考而无法进行预览或输出。在源监视器或节目监视器下方的控制面板中单击安全区域按钮 ![]，可以显示动作安全区域和字幕安全区域，如图 2.39 所示。再次单击此按钮，则可隐藏安全区域指示线。

图 2.39 安全区域

知识点提示：

默认状态下，动作安全区域和字幕安全区域的边界分别在画面的 10% 和 20% 的位置，靠近外侧边缘。在项目设置对话框中可以更改安全区域的尺寸。

4. 在监视器中选择显示场

可以通过设置在源监视器和节目监视器中显示交错视频素材的上场、下场或两场。对于逐行素材，这项设置在源监视器中是无效的。如果当前序列使用逐行序列的预设，则这项设置在节目监视器中也无效。

在源监视器或节目监视器面板的弹出式菜单中选择"显示第一个场"、"显示第二个场"、"显示双场"命令，可以分别显示上场、显示下场或显示上、下两场。

5. 选择显示模式

在监视器的视频显示区域中，可以根据工作性质的需要选择以各种方式显示视频，包括普通视频画面、视频的 Alpha 通道或者各种测量工具系统。在源监视器或节目监视器中单击设置

按钮 ✎，或者在面板的弹出式菜单中选择所需的显示模式。

合成视频：显示普通视频画面。

Alpha：以灰度图的方式显示画面的不透明度。

所有示波器：显示波形监视器、矢量范围、YCbCr 和 RGB 信号。

矢量示波器：显示视频画面的矢量范围，以测量视频的色差，包括色相和饱和度。

YC 波形：显示基本波形监视器，以测量视频的亮度范围。

YCbCr 分量：显示一个波形监视器，以测量 Y、Cb 和 Cr 分量信号。

RGB 分量：显示一个波形监视器，以测量 R、G、B 分量信号。

矢量/YC 波形/YCbCr 分量：显示波形监视器、矢量范围和 YCbCr 信号。

矢量/YC 波形/RGB 分量：显示波形监视器、矢量范围和 RGB 信号。

所有示波器、矢量/YC 波形/YCbCr 分量和矢量/YC 波形/RGB 分量模式都可以将多种模式中的元素综合起来进行显示，如图 2.40 所示。

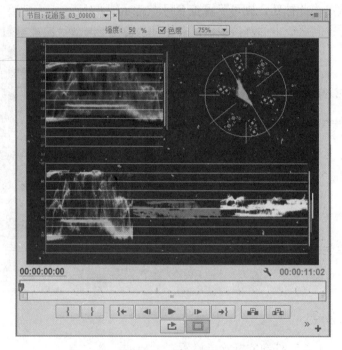

图 2.40　综合显示

知识点提示：

使用波形监视器和矢量范围显示可以更有效地对素材或节目进行分析，可以使用与节目监视器建立关联的参考监视器显示所需模式。

6．播放素材和节目

源监视器和节目监视器的控制面板中包含各种与录像机上的控制功能相似的控制按钮。使用源监视器控制可以播放并编辑的素材片段，使用节目监视器控制可以播放并预览的当前序列。播放控制大都对应快捷键，使用快捷键前应该先通过单击来激活进行控制的监视器。使用如下方式可以进行播放控制。

（1）单击逐帧前进按钮 ▶，或按住 K 键的同时按 L 键，可以将当前时间指针向前移动 1帧。按住 Shift 键的同时单击逐帧向前按钮 ▶，可以将当前时间指针向前移动 5 帧。

（2）单击逐帧后退按钮 ◄ ，或按住 K 键的同时按 J 键，可以将当前时间指针向后移动 1 帧。按住 Shift 键的同时单击逐帧向后按钮 ◄ ，可以将当前时间指针向后移动 5 帧。

（3）当时间线面板或节目监视器处于激活状态时，在节目监视器中单击到上一个编辑点按钮 |◄ ，或按 Page Down 键，可以将当前时间指针移动到目标音频或视频轨道中上一个编辑点的位置。

（4）当时间线面板或节目监视器处于激活状态时，在节目监视器中单击到下一个编辑点按钮 ►| ，或按 Page Up 键，可以将当前时间指针移动到目标音频或视频轨道中下一个编辑点的位置。

（5）按 Home 键，可以将当前时间指针移动到素材片段或序列的起始位置。

（6）按 End 键，可以将当前时间指针移动到素材片段或序列的结束位置。

7．参考监视器

一个参考监视器相当于第二个节目监视器。参考监视器可以用于对比序列中的不同帧或显示同一帧的不同模式。当需要显示同一帧的不同模式时，如对影片进行调色时，可以通过单击参考监视器底部的控制面板中的链接按钮，来使参考监视器与节目监视器同步，并选择一种所需的显示模式。

选择"窗口"→"参考监视器"命令，可以在单独的面板中打开一个新的参考监视器。一般情况下，可以拖动其标签使其与源监视器面板编组。

知识点提示：

可以像操作节目监视器一样，设置参考监视器的显示精度、区域和显示模式。其时间标尺与显示区域条的工作原理与节目监视器的原理基本相同。但是，由于其目的仅仅在于参考而非编辑，所以其控制面板中仅包含移动到帧的功能，不包含播放和编辑功能。当与节目监视器设置关联同步后，可以使用节目监视器控制参考监视器的播放。

2.3　剪辑概念与技能

2.3.1　入点与出点

1．"入点"与"出点"按钮的概念与设置

在项目面板或时间线面板中双击要进行剪辑的素材片段，将其在源监视器中打开。将时间指针放置在要设置入点的位置，在控制面板中单击"设置入点"按钮 { ，将此点设置为"入点"；将当前时间指针放置在要设置出点的位置，在控制面板中单击"设置出点"按钮 } ，将此点设置为"出点"，如图 2.41 所示。

知识点提示：

此操作方式同样适用于在节目监视器中同步移动序列入点和出点的位置。

在源监视器的控制面板中单击"转到入点"按钮 |{ ，将当前时间指针移动到入点位置；单击"转到出点"按钮 }| ，将当前时间指针移动到出点位置。

选择"标记"→"清除入点"命令或"标记"→"清除出点"命令，可以将源监视器中当前打开的素材片段的入点、出点全部或分别清除。

图 2.41　设置入点和出点

按住 Alt 键的同时，单击"设置入点"按钮 ，或单击"设置出点"按钮 ，也可以相应删除入点或出点。

2.　手动拖动源监视器中的视音频

当从源监视器中拖动包含声音的影片时，使用如下方式可以区别使用素材的视频或者音频源。

直接从素材画面上进行拖动，可以使用素材片段的音频和视频，如图 2.42 所示。

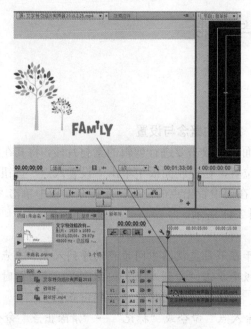

图 2.42　拖动素材至轨道上

若从"仅拖动视频"标记 进行拖动，则仅拖动视频部分，如图 2.43 所示。

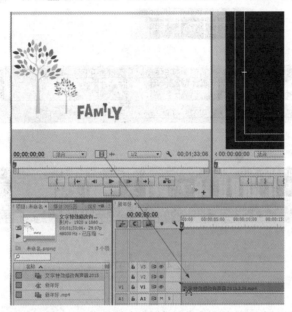

图 2.43 仅拖动视频

若从"仅拖动音频"标记 进行拖动，则仅拖动音频部分，如图 2.44 所示。

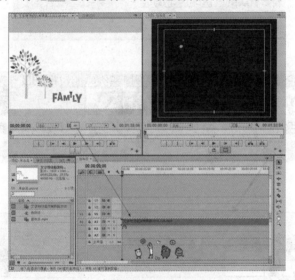

图 2.44 仅拖动音频

3. 素材的插入与覆盖

无论使用哪种方式向序列中添加素材片段，都可以选择以"插入"或"覆盖"的方式将素材添加到序列中。

1）覆盖编辑

覆盖编辑是将素材覆盖到序列中指定轨道的某一位置，替换掉原来的部分素材片段。此方式类似于录像带的重复录制，如图 2.45 所示。

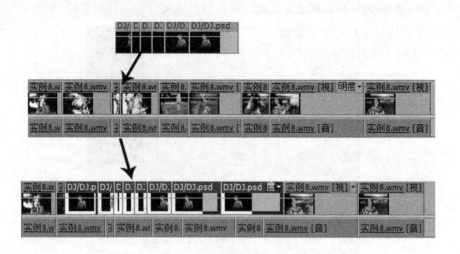

图 2.45　覆盖编辑

2）插入编辑

插入编辑就是将素材插入到序列中指定轨道的某一位置，序列从此位置被分开，后面的素材被移到素材出点之后，如图 2.46 所示。此方式类似于电影胶片的剪接。

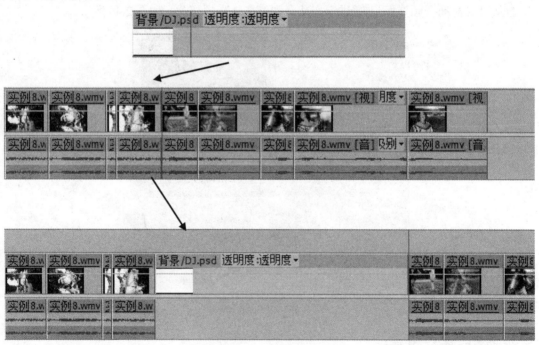

图 2.46　插入编辑

知识点提示：

插入编辑会影响到其他未锁定轨道上的素材片段，如果不想使某些轨道上的素材受到影响，则应锁定这些轨道。

4. 入点出点案例

（1）新建项目与序列，在"新建序列"对话框中设置编辑模式为"DNX 220×720"，时基为"29.97 帧/秒"，像素长宽比为"方形像素（1.0）"，如图 2.47 所示。

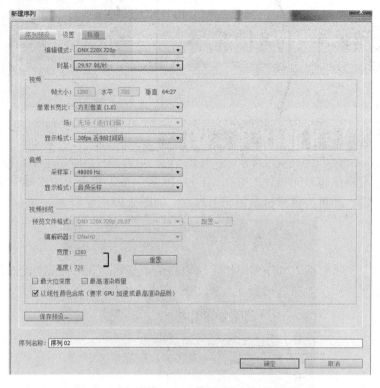

图 2.47　新建序列

（2）在项目面板的空白处双击，在弹出的"导入"对话框中，导入"工程文件与效果\第 2 章\入点出点案例\素材"，如图 2.48 所示。

图 2.48　导入素材

（3）在项目面板中双击这段视频素材，使其在源监视器中显示，并预览其效果，如图 2.49 所示。

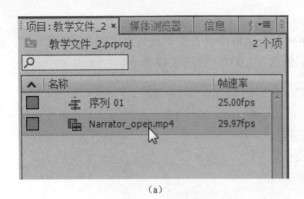

（a）　　　　　　　　　　　　　　（b）

图 2.49　素材源监视器

（4）在源监视器中将时间指针放置在"1 秒 16 帧"处，单击源监视器中工具栏中的"设置入点"按钮 **{**，即可为该素材添加一个入点，如图 2.50 所示。

图 2.50　设置入点

（5）将时间指针放置在"6 秒 28 帧"处，单击源监视器中工具栏中的"设置出点"按钮 **}**，即可为该素材添加一个出点，如图 2.51 所示。

图 2.51　设置出点

（6）在源监视器中的画面上单击并拖动视频素材到时间线面板中"视频1"轨道上，时间线面板中的素材就是在源监视器中设置的"入点"与"出点"之间的素材片段，如图 2.52 所示。

图 2.52　拖动素材至时间线面板中

知识点提示：

如果单击按钮 📁 并拖动，则可以只拖动源监视器中的"入点"与"出点"间的视频信息。而如果单击按钮 ⫸ 并拖动，则可以只拖动源监视器中的"入点"与"出点"间的音频信息。如果直接拖动源监视器中的画面部分，则可以同时拖动"入点"与"出点"间的视频信息与音频信息。

2.3.2　三点四点编辑

1．三点编辑的讲解与操作

三点编辑就是通过设置两个入点和一个出点或一个入点和两个出点对素材在序列中进行定位，第四个点会被自动计算出来。例如，一种典型的三点编辑方式是设置素材的入点和出点，以及素材的入点在序列中的位置（即序列的入点），素材的出点在序列中的位置（即序列的出点）会通过其他 3 个点被自动计算出来。任意 3 个点的组合都可以完成三点编辑操作。

在监视器底部的控制面板中使用"设置入点"按钮 ⎨ 和"设置出点"按钮 ⎬ 或快捷键 I 和 O，为素材和序列设置所需的 3 个入点和出点；再使用插入按钮 🔳 或覆盖按钮 🔳 或快捷键"，"或"．"，将素材以插入编辑或覆盖编辑的方式添加到序列中的指定轨道上，完成三点编辑，如图 2.53 所示。

图 2.53　三点编辑

2. 四点编辑的讲解与操作

　　四点编辑需要设置素材的入点和出点及序列的入点与出点，通过匹配对齐将素材添加到序列中，方法和三点编辑类似。如果标记的素材和序列的持续时间不相同，则在添加素材时会弹出"适配素材"对话框，在其中可以选择更改素材速率以匹配标记的序列。当标记的素材长于序列时，可以选择自动修剪素材的开头或结尾；当标记的素材短于序列时，可以选择忽略序列的入点或出点，相当于三点编辑，如图 2.54 所示。设置完毕后，单击"确定"按钮，完成编辑的操作。

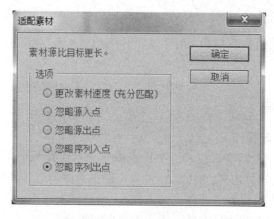

图 2.54　"适配素材"对话框

3. 三点四点编辑案例

　　（1）新建项目与序列，在"序列预设"选项卡的"可用预设"列表框中选择 DV-PAL 下面的"标准 48kHz"选项，如图 2.55 所示。

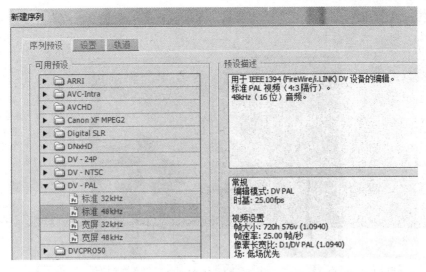

图 2.55　序列设置

（2）在项目面板的空白处双击，导入"工程文件与素材\第 2 章\三点四点剪辑"中的素材，如图 2.56 所示。

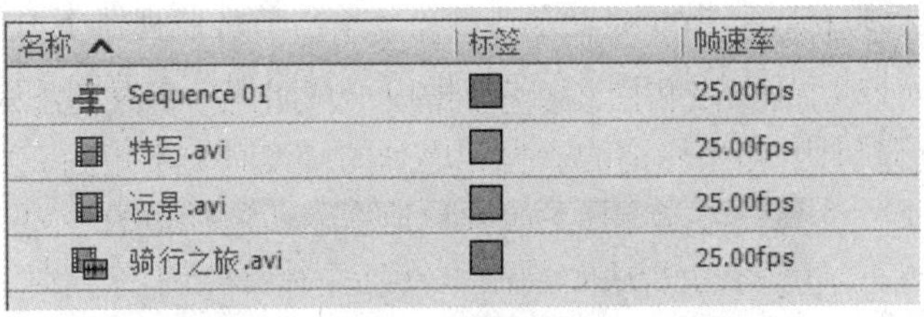

名称 ∧	标签	帧速率
車 Sequence 01	■	25.00fps
特写 .avi	■	25.00fps
远景 .avi	■	25.00fps
骑行之旅 .avi	■	25.00fps

图 2.56　导入素材

（3）在项目面板中将"骑行之旅"视频素材拖动至时间线面板中的"视频 1"轨道上，如图 2.57 所示。

图 2.57　拖动素材至"视频 1"轨道

（4）双击项目面板中的"特写"视频素材，在源监视器中设置"出点"在1秒0帧处，如图2.58所示。

图2.58　设置出点

（5）在时间线面板中将时间指针移动至3秒处，单击节目监视器下方的"设置入点"按钮，设置好入点；将时间指针移动至4秒处，单击节目监视器下方的"设置出点"按钮，设置好出点，如图2.59所示。

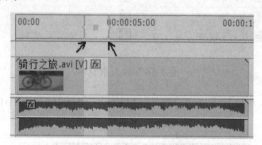

图2.59　设置序列入点和出点

（6）在源监视器中单击"覆盖"按钮，此时弹出"适合剪辑"对话框，选中"忽略序列入点"单选按钮，四点剪辑完成，如图2.60所示。

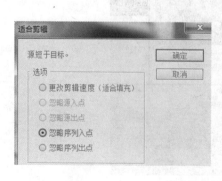
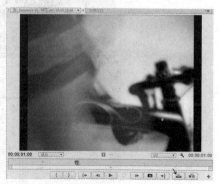

图2.60　四点剪辑操作

（7）在项目面板中双击"远景"视频素材，使其显示在源监视器中，分别在1秒和3秒处设置入点和出点，如图2.61所示。

图2.61　设置入点和出点

（8）在时间线面板中将时间指针移动到5秒处，单击节目监视器中的"设置入点"按钮 ⟨ ，在序列中设置入点，在源监视器中单击"覆盖"按钮 ▣ 。三点剪辑操作即可完成，如图2.62所示。

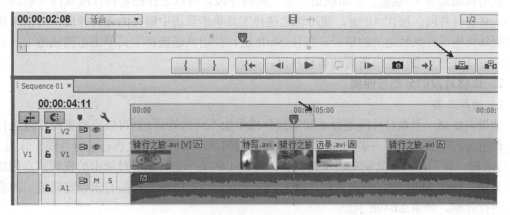

图2.62　三点剪辑操作

2.3.3 剪辑工具用法

1. 选择素材片段的基本方法

1）选择工具

在时间线面板中编辑素材片段之前，首先需要将其选中。使用选择工具 单击素材片段，可以将其选中；按住 Alt 键，单击链接片段的视频或音频部分，可以单独选中单击的部分。

如果要选择多个素材片段，则按住 Shift 键，使用选择工具逐个单击要选择的素材片段，或使用选择工具拖动出一个区域，可以将区域范围内的素材片段选中，如图 2.63 所示。

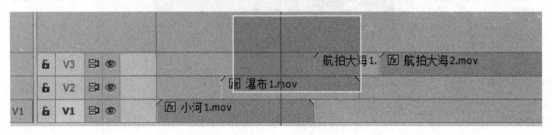

图 2.63　选择素材

2）轨道选择工具

使用轨道选择工具 ，单击轨道上某一素材片段，可以选择此素材片段及同一轨道上其后的所有素材片段。按住 Alt 键，使用轨道选择工具单击轨道中链接的素材片段，可以单独选择其视频轨道或音频轨道上的部分。按住 Shift 键，使用轨道选择工具单击不同轨道上的素材片段，可以选择多个轨道上所需的素材片段。

2. 素材片段的分割与伸展

1）切刀工具

如果需要对一个素材片段进行不同的操作或施加不同的效果，则可以先将素材片段进行分割。使用切刀工具 ，单击素材片段上要进行分割的点，则可以从此点将素材片段一分为二。按住 Alt 键，使用切刀工具 单击链接的素材片段上的某一点，则仅对单击的视频或音频部分进行分割。按住 Shift 键，单击素材片段上的某一点，可以以此点将所有未锁定轨道上的素材片段进行分割，如图 2.64 所示。

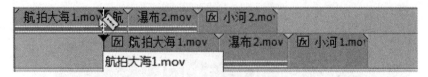

图 2.64　分割素材

2）比率拉伸工具

如果需要对素材片段进行快放或慢放的操作，则可以更改素材片段的播放速率和持续时间。对于同一个素材片段，其播放速率越快，持续时间越短，反之亦然。使用比率拉伸工具 对素材片段的入点或出点进行拖动，可以更改素材片段的播放速率和持续时间，如图 2.65 所示。按快捷键 Ctrl+R，可以在弹出的"剪辑速度/持续时间"对话框中对素材片段的播放速率和持续时间进行精确调节，还可以通过勾选"倒放速度"复选框，对素材片段的帧顺序进行反转，如图2.66所示。

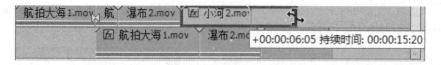

图 2.65　比率拉伸工具

图 2.66　"剪辑速度/持续时间"对话框

知识点提示：

当改变了素材片段的速率后，其中的动态画面可能会出现抖动或闪烁，启动帧混合选项，可以创建新的插补帧以平滑动作。选择"剪辑"→"视频选项"→"帧混合"命令，可以开启或关闭帧混合。默认状态下，帧混合是打开的。

3. 波纹编辑与滚动编辑

除了使用选择工具拖动的方法编辑素材片段的入点和出点外，还可以根据实际情况使用几种专业化的编辑工具对相邻素材片段的入点和出点进行更改，从而完成一些比较复杂的编辑。对于相邻的两个素材片段，可以使用波纹编辑或滚动编辑的方法对其进行编辑操作。在进行这两种编辑时，节目监视器会显示前一个素材片段的出点帧和后一个素材片段的入点帧，以方便用户观察操作，如图2.67所示。

图 2.67　节目监视器

1）波纹编辑工具

波纹编辑在更改当前素材入点或出点的同时，会根据素材片段收缩或扩张的时间将随后的素材向前或向后推移，使节目总长度发生变化。

使用波纹编辑工具 ，当移动到素材片段的入点或出点位置并出现波纹入点图标或波纹出点图标时，可以通过拖动对素材片段的入点或出点进行编辑，随后的素材片段将根据编辑的幅度自动移动，以保持相邻，如图 2.68 所示。

图 2.68　使用波纹编辑工具

2）滚动编辑工具

滚动编辑工具对相邻的前一个素材片段的出点和后一个素材片段的入点进行同步移动，其他素材片段的位置和节目总长度保持不变。

使用滚动编辑工具 在素材片段之间的编辑点上向左或向右拖动，可以在移动前一个素材片段出点的同时对后一个素材片段的入点进行相同幅度的同向移动，如图 2.69 所示。

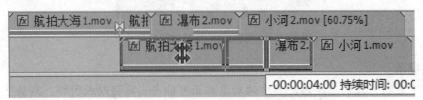

图 2.69　使用滚动编辑工具

知识点提示：

波纹编辑工具与滚动编辑工具最明显的区别在于波纹编辑更改了节目的总长度，而滚动编辑保持节目总长度不变。

4．外滑工具与内滑工具

对于相邻的 3 个素材片段，可以使用外滑或内滑的方法对其进行编辑操作。在进行这两种编辑时，节目监视器会显示中间素材片段的入点帧和出点帧，以及前一个素材片段的出点帧和后一个素材片段的入点帧，以方便用户观察操作，如图 2.70 所示。

图 2.70　节目监视器

外滑工具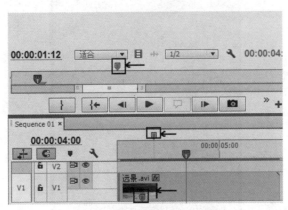对素材片段的入点和出点进行同步移动，并不影响其相邻的素材片段，节目总长度保持不变。

内滑工具➡通过同步移动前一个素材片段的出点和后一个素材片段的入点，在不更改当前素材片段入点和出点位置的情况下对其进行相应的移动，节目总长度保持不变。

知识点提示：

外滑工具改变当前素材片段的入点和出点，而内滑工具改变前一个素材片段的出点和后一个素材片段的入点，两者均不改变节目总长度。

5. 钢笔工具、手形工具与缩放工具

1）钢笔工具

钢笔工具可以用来添加、选择、移动、删除或调整序列上的关键帧，以及在时间线面板中设置关键帧，包括素材片段的透明度、音频的高低、音频与视频的渐变等。

2）手形工具

手形工具用来移动整个序列，与时间线面板底部的滚轮作用相似，区别相当于摄像机手动变焦与自动变焦的区别。

3）缩放工具

缩放工具用来缩小放大时间线面板的显示比例，选择后单击会放大，按 Alt 键时单击会缩小。这种操作基本上很少有人用到，比较常用的是按+、-键。

2.4 使用标记

标记可以起到指示重要的时间点并帮助定位素材片段的作用。可以使用标记定义序列中的一个重要的动作或声音。标记仅仅用于参考，并不改变素材片段本身。还可以使用序列标记设置 DVD 或 QuickTime 影片的章节，以及在流媒体影片中插入 URL 链接。Premiere Pro 还提供了 Encore 章节标记，以在与 Encore 进行整合时设置场景和菜单结构。

可以向序列或素材片段添加标记。在监视器中，标记以小图标的形式出现在其时间标尺上；在时间线面板中，素材标记在素材上显示，而序列标记在序列的时间标尺上显示，如图 2.71 所示。

图 2.71　标记

知识点提示:

为从项目面板中打开的素材片段设置好标记,再将其添加到序列中,则此素材片段依然保持标记。

2.4.1 标记设置方法

在源监视器中打开素材,将当前时间指针移动到要设置标记的位置,单击"添加标记"按钮 ，或选择"标记"→"添加标记"命令,或按快捷键"M",均可在此位置为素材添加一个素材标记。

在时间线面板中,将当前时间指针移动到要设置标记的位置,在节目监视器中单击"添加标记"按钮 ，或在时间线面板中单击"添加标记"按钮 ，或选择"标记"→"添加标记"命令,或按快捷键 M,均可在此位置为序列添加一个序列标记。

知识点提示:

在序列嵌套时,子序列的序列标记在母序列中会显示为嵌套序列素材的素材标记。

在源监视器被选中的状态下,选择"标记"→"清除所选标记"/"清除所有标记"命令,可以分别删除当前素材标记或所有素材标记。而在节目监视器被选中的状态下,选择"标记"→"清除所选标记"\"清除所有标记"命令,可以分别删除当前序列标记或所有序列标记。

在时间线面板中双击序列标记,弹出"标记"对话框。在"注释"文本框中为标记添加注释。如果用于制作 DVD,则勾选"章节标记"复选框,输出为 AVI 或 MOV 等标准格式后,其标记可以被 Encoder 辨认并作为影片的章节点;如果用于网络上发布的流媒体,则在"URL"文本框中输入链接地址,可以在播放到该位置时在浏览器中打开链接的网页;而在"帧目标"文本框中输入帧数,可以按帧数进行跳跃式播放,如图 2.72 所示。设置完毕,单击"确定"按钮,标记设置生效。

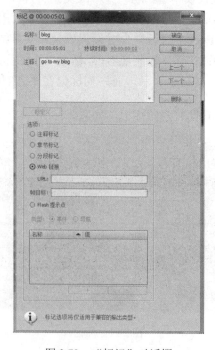

图 2.72 "标记"对话框

2.4.2 音视频同步案例

（1）新建项目与新建序列，"编辑模式"设置为"自定义"，时基设置为"25.00 帧/秒"，帧大小中"水平"设置为"858"，"垂直"设置为"478"，如图 2.73 所示。

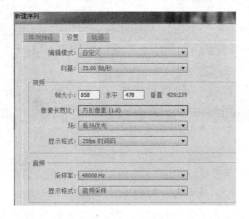

图 2.73 新建序列

（2）在项目面板的空白处双击，导入"工程文件与素材\第 2 章\音视频同步案例\素材"中的素材，如图 2.74 所示。

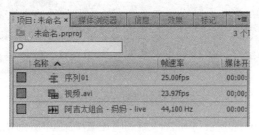

图 2.74 导入素材

（3）在项目面板中双击"阿吉太组合-妈妈-live"音频素材，使其显示在源监视器中，并在歌词"妈妈"开始处（28 秒 10 帧）建立标记，如图 2.75 所示。

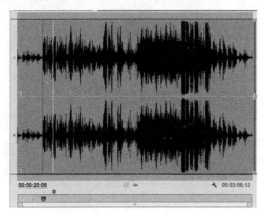

图 2.75 在音频素材中建立标记

（4）在项目面板中双击"视频"视频素材，使其显示在源监视器中，并在歌词"妈妈"开始处（01分52秒08帧）建立标记（观察嘴形），如图2.76所示。

图2.76　在视频素材中建立标记

（5）把建立好标记的视频素材与音频素材分别拖动至时间线面板中，如图2.77所示。

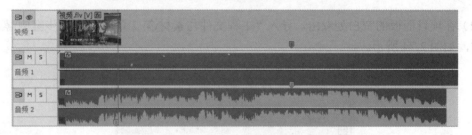

图2.77　时间线面板

（6）框选时间线面板中视频素材和音频素材并右击，在弹出的快捷菜单中选择"同步"命令，弹出"同步剪辑"对话框，选中"剪辑标记"单选按钮，在其下拉列表中选择"（未命名标记1）"选项，单击"确定"按钮，如图2.78和图2.79所示。

图2.78　"同步剪辑"对话框

图 2.79 "同步剪辑"后的效果

2.4.3 多机位剪辑

（1）新建项目。在项目面板中，单击"新建"按钮，选择"序列"命令，在弹出的"新建序列"对话框中选择"设置"选项卡，设置"编辑模式"为"自定义"，"时基"设置为"29.97帧/秒"，"帧大小"中的"水平"和"垂直"分别为"1280"、"720"，"像素长宽比"设置为"方形像素（1.0）"，单击"确定"按钮，如图 2.80 所示。

图 2.80 新建序列

（2）在项目面板的空白处双击，导入"工程文件与素材\第 2 章\多机位剪辑案例\素材"中的素材，如图 2.81 所示。

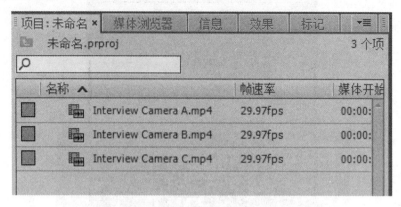

图 2.81　导入素材

（3）在项目面板中分别双击 3 段素材，使其显示在源监视器中，并分别在素材中"场记板"拍下的时候建立标记。完成之后在标记处设置素材的入点位置，如图 2.82 所示。

图 2.82　为素材创建标记

（4）在项目面板中选中已经建立好标记与入点位置的 3 段素材并右击，在弹出的快捷菜单中选择"创建多机位源序列"命令，在弹出的"创建多机位源序列"对话框中设置参数："视频剪辑名称"为"多机位"，"同步点"为"入点"。设置完成后单击"确定"按钮，如图 2.83 所示。

（5）编辑完成后，在项目面板中选中"Interview Camera A.mp4"多机位源序列，并拖动至时间线面板中"视频 1"轨道上的开始位置，如图 2.84 所示。

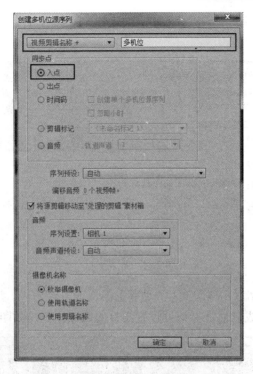

图 2.83　"创建多机位源序列"对话框

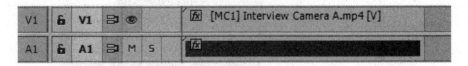

图 2.84　将素材拖动至时间线面板中

（6）在节目监视器中选择菜单栏中的"多机位"命令，打开"多机位监视器"面板，如图 2.85 所示。

图 2.85　打开"多机位监视器"面板

（7）将时间指针放置在"31 秒"位置，利用工具栏中的"切刀工具"将素材切断，并删除前面的部分，如图 2.86 所示。

图 2.86　切割素材

（8）右击时间线面板中前面的空白处，在弹出的快捷菜单中选择"波纹删除"命令，并在节目监视器中开启"多机位录制开关" ●，单击多机位面板中的素材"Interview Camera C"，将时间指针放置在"0 秒 0 帧"位置，单击节目监视器中的"播放"按钮 ▶，如图 2.87 所示。

图 2.87　开启多机位录制开关

（9）在"9 秒 01 帧"位置处选择"Interview Camera A"素材，在"22 秒 06 帧"位置处选择"Interview Camera B"素材，在"27 秒 08 帧"位置处选择"Interview Camera A"素材；在"40 秒 10 帧"和"47 秒 27 帧"位置处分别用"切刀工具"将素材切断，将两个时间点之间的素材删除；选择"Interview Camera B"素材，再次单击"播放"按钮 ▶，在"46 秒 29 帧"位置处选择"Interview Camera A"素材，机位剪辑完成，如图 2.88 所示。

图 2.88　剪辑多机位素材

视频效果

观看本案例视频效果
扫一扫二维码

多机位剪辑是影视剪辑中非常重要的技能，Premiere 在多机位剪辑方面发展得非常快，从以前的只支持 4 机位，到现在能支持 16 机位。多机位剪辑常用于大型晚会、演唱会、电视剧等多机位拍摄的场景。在多机位操作中，最为关键的是对各个轨道的机位素材进行对齐操作，实现音频同步。

本章小结

本章循序渐进地介绍了 Premiere Pro CC 的界面与面板、剪辑基本操作、入点出点、三点四点及多机位的流程与技巧，并以案例的形式对入点出点、三点四点编辑及多机位剪辑应用技巧进行了详尽的叙述。

课后拓展练习

利用"素材与效果\第 2 章\课后拓展练习——过生日短片剪辑\素材"下面 4 个文件夹中的视频素材，综合应用本章所学的基本剪辑操作与技巧，剪辑生日短片。

图 2.89　生日短片

视频效果

观看本案例视频效果
扫一扫二维码

第*3*章

过渡

教学目标与要点：

❖ 掌握过渡的基本原理和基本操作。

❖ 熟悉过渡分类及应用特征。

❖ 通过翻阅的相册案例掌握嵌套序列应用翻页过渡的方法。

❖ 通过视频墙案例掌握摆入过渡的应用技巧。

镜头是构成影片的基本要素，在影片中，镜头的转换就是过渡。有些时候，镜头简单的衔接就可以完成切换，这种最简单的方式被称为硬切。但有些时候，需要从第一个镜头淡出并向第二个镜头淡入，这种方式被称为软切。Premiere Pro 提供了多种过渡的方式，可以满足各种镜头转换的需要。

3.1 过渡基础操作

3.1.1 过渡概述

1. 过渡的基本原理

默认状态下，两个相邻素材片段之间的转换采用了硬切的方式，即后一个素材片段的入点帧紧接着前一个素材片段的出点帧，没有任何过渡。可以通过为相邻的素材片段添加过渡，使其产生不同的过渡效果。

过渡就是指在前一个素材逐渐消失的过程中后一个素材逐渐出现。这就需要素材之间有交叠的部分，即素材的入点和出点要与起始点和结束点拉开距离，使用之间的额外帧作为过渡的过渡帧。

在有些情况下，素材没有足够的额外帧，如果此时为素材添加过渡，则会弹出提示对话框以警示过渡处可能含有重复帧，如果继续，则过渡处会出现斜纹标记，如图3.1和图3.2所示。

图 3.1 "过渡"对话框

图 3.2 包含重复帧过渡

知识点提示：

要取得很好的过渡效果，建议在拍摄和采集源素材的过程中，在入点和出点之外留出足够的额外帧。

2. 单边过渡与双边过渡

过渡通常为双边过渡，将临近编辑点的两个视频或音频素材的端点进行合并。除此之外，还可以进行单边过渡，过渡效果只影响素材片段的开头或结尾。

使用单边过渡可以更灵活地控制过渡效果，例如，可以为前一段素材的结尾添加一种过渡效果，而为接下来的一段素材的开头添加另一种过渡效果。单边过渡从透明过渡到素材内容或从素材内容过渡到透明，并非黑场。在时间线面板中，处于单边过渡下方轨道上的素材片段会随着过渡的透明变化而显现出来。如果素材片段在视频轨道1上，或者其轨道下方无任何素材，则单边过渡部分会过渡为黑色。如果素材片段在另一个素材片段的上方，则底下的素材片段会随着过渡而显示出来，看上去与双边过渡类似。

知识点提示：

如果要在两端素材之间以黑场进行过渡，则可以使用"渐隐为黑色"过渡模式，"渐隐为黑色"过渡可以不显示其下或相邻的素材片段而直接过渡到黑场。

在时间线面板或效果控件面板中，双面过渡上有一条深色对角线，而单面过渡则被对角线分开，一半是深色，一半是浅色，如图3.3所示。

图 3.3 单边过渡与双边过渡

3.1.2 添加过渡与改变过渡设置的方法

要在两段素材之间添加过渡，则这两段素材必须在同一轨道上，且期间没有间隙。当添加过渡之后，还可以对其进行调节设置。

1. 添加过渡

（1）在效果面板中，展开"视频过渡"文件夹及其子文件夹，在其中找出所需的过渡。

知识点提示：

可以在效果面板上方的搜索栏中输入过渡名称中的关键字并进行搜索。

（2）将过渡从效果面板拖动到时间线面板中两段素材之间的切线上，当出现 ⬛ 图标时，释放鼠标左键。

　　⬛⯈：过渡的结束点与前一个素材片段的出点对齐。

　　⬛◆：过渡与两素材间的切线居中对齐。

　　⬛⯈：过渡的起始点与后一个素材片段的入点对齐。

（3）如果仅为相邻素材之中的一个素材添加过渡，则应该在按住 Ctrl 键的同时拖动过渡到时间线面板中，当出现 ⬛ 或 ⬛ 图标时，释放鼠标左键。

知识点提示：

如果素材片段不与其他的素材相邻，则无需按住 Ctrl 键，直接添加即为单边过渡。

2．替换过渡

当修改项目时，往往需要使用新的过渡替换之前添加的过渡。从效果面板中，将所需的视频或音频过渡拖动到序列中的原有过渡上即可完成替换。

替换过渡之后，其对齐方式和持续时间保持不变，而其他属性会自动更新为新过渡的默认设置。

3.1.3　默认过渡

为了提高编辑效率，可以将使用频率最高的视频过渡和音频过渡设置为默认过渡。默认过渡在效果面板中的图标具有黄色外框。默认状态下，"交叉溶解"和"恒定功率"分别为默认的视频过渡和音频过渡，可以通过菜单命令或其他方式添加默认过渡。如果这两个过渡并非使用最频繁的过渡，则还可以将其他过渡设置为默认过渡。

1．添加默认过渡

选择"序列"→"应用默认过渡到选择项"命令可以分别为素材片段添加默认的视频过渡或音频过渡。

2．设置默认过渡

（1）在效果面板中，展开"视频过渡"文件夹或者"音频过渡"文件夹及其子文件夹，选中当前过渡并右击，在弹出的快捷菜单中选择"将所选过渡设置为默认过渡"命令。

（2）在效果面板右上角的弹出式菜单中选择"设置所选过渡为默认过渡"命令，将当前选中过渡设置为默认过渡。

3．设置默认过渡长度

（1）选择"编辑"→"首选项"→"常规"命令，弹出"首选项"对话框。

（2）在"视频过渡默认持续时间"或"音频过渡默认持续时间"文本框中输入新的持续时间值，单击"确定"按钮，将默认过渡长度分别设置为"30帧"和"1.00秒"，如图3.4所示。

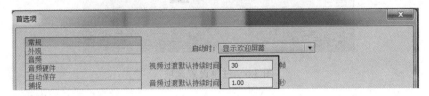

图3.4　设置默认过渡长度

3.1.4 改变过渡长度

可以在时间线面板或效果控件面板中对过渡的长度进行编辑。增长过渡需要素材具备更多的额外帧。

在时间线面板中，将鼠标指针放置在过渡的两端会出现"剪辑入点坐标" 或"剪辑出点坐标" 。对其进行拖动可以改变过渡长度，方法与在时间线面板中编辑视频素材相同，如图 3.5 所示。

图 3.5　改变过渡长度

3.1.5 过渡设置

1. 设置选项

使用"效果控件"面板最主要的作用是通过设置选项，对过渡的各种属性进行精确控制，如图 3.6 所示。

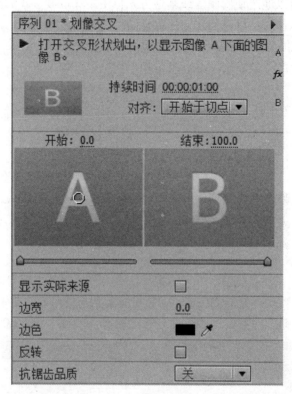

图 3.6　过渡设置选项

开始和结束滑块：设置过渡始末位置的进程百分比，按住 Shift 键拖动滑块，可以对始末位置进行同步移动。

显示实际来源：显示素材始末位置的帧画面。

边宽：调节过渡边缘的宽度，默认宽度是0，一些过渡没有边缘。

边色：设定过渡边缘的色彩。单击色彩标记可以弹出拾色器，在其中选择所需色彩，或使用吸管选择色彩。

反转：对过渡进行翻转。例如，顺时针过渡翻转后，转动方向变为逆时针。

抗锯齿品质：调节过渡边缘的平滑程度。

自定义：设置过渡的一些具体设置。大多数过渡不支持自定义设置。

有些过渡，如"划像交叉"过渡，围绕中心点进行。当过渡具备可定位的中心点时，可以在"效果控件"面板的A预览区域通过拖动小圆圈，对中心点进行重新定位，如图3.7所示。

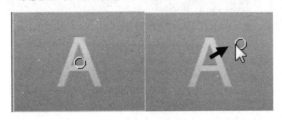

图3.7 手动设置

2. 可自定义过渡

可自定义过渡是可以通过使用图片或其他方式自由定义过渡方式的过渡。使用这种类型的过渡，并配合丰富的想象力，可以创建各种各样的过渡效果。

以"渐变擦除"过渡为例，其类似于一种动态蒙版。它使用一张图片作为辅助，通过计算图片的色阶，自动生成渐变擦除的动态过渡效果，如图3.8所示。

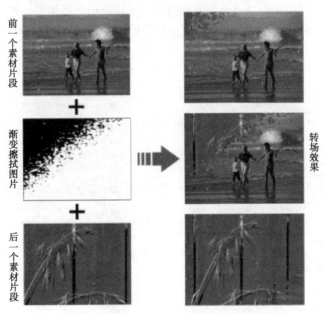

图3.8 可自定义过渡

知识点提示：

"图像遮罩键"特效使用静态图片作为静态蒙版，而"渐变擦除"则使用静态图片的色阶生成渐变划像的动态过渡效果，使用时注意体会两者的差别。

3.1.6 为音频添加过渡

与素材片段中的视频类似，对音频也可以添加过渡的效果，以生成叠化过渡和各种音频效果。

1. 音频过渡概述

使用音频过渡，可以在素材片段之间的过渡部分为音频添加叠化，或为音频素材的入点和出点位置分别添加淡入淡出效果。

Premiere Pro 中内置了音频过渡："恒定增益"、"恒定功率"、"指数淡化"。其中，"恒定功率"为默认状态下的音频过渡，如图 3.9 所示。

图 3.9　音频过渡

恒定功率：创建一个平滑渐变的过渡，和视频的溶解过渡有些类似。

恒定增益：在过渡时，以持续速率改变音频。这种过渡有时可能有些突然。

指数淡化：以对数曲线平滑淡出前一段素材片段，并相应地淡入后一段素材片段。

2. 音频效果概述

Premiere Pro 中内置了大量的 VST 音频插件效果，以修改或提高音频素材的某些属性。除了针对立体声设计的"使用左声道"、"使用右声道"、"互换声道"效果外，绝大多数效果支持"单声道"、"立体声"和"5.1 环绕声"，并在效果面板的音频效果中以此进行分类，如图 3.10 所示。

多功能延迟	Single-band Compressor
多频段压缩器	Spectral NoiseReduction
多频段压缩器（旧版）	Surround Reverb
带通	Tube-modeled Compressor
Analog Delay	Vocal Enhancer
Chorus/Flanger	静音
Chorus	使用右声道
Convolution Reverb	使用左声道
DeClicker	互换声道
DeCrackler	参数均衡
DeNoiser	反转
Distortion	声道音量
Dynamics	延迟
EQ	消除齿音
Flanger	消除齿音（旧版）
Guitar Suite	消除嗡嗡声
Mastering	消除嗡嗡声（旧版）
低通	消频
低音	移相器
PitchShifter	移相器（旧版）
Reverb	雷达响度计
平衡	音量
	高通
	高音

图 3.10　音频特效

知识点提示：

每个音频效果都包含一个"旁通"选项，可以通过关键帧控制效果随时间变化的开关状态。

3.2　过渡技巧与艺术

过渡也称为转场或切换，分为无技巧过渡（硬切）和有技巧过渡。素材与素材之间的组接使用最多的是无技巧过渡，即一个素材结束时立即换成另一个素材。有技巧过渡在组接时虽然使用不多，但是如果使用得好、使用得巧，会给影片增色不少，大大增强了艺术感染力。

3.2.1　技巧过渡应用技巧

Premiere Pro CC 编辑软件中自带了许多视频过渡特殊效果。这些过渡特效按类型分别存放在视频过渡中的子文件夹中。

1．淡入淡出（显/隐）——具有舞台落幕感

淡出是指一个场景中的最后一个镜头的画面逐渐隐去直到黑场，淡入是指下一个场景第一个镜头的画面逐渐显现直至正常的速度，淡出与淡入画面的长度一般各为 2 秒，但实际编辑时，应根据情节、情绪、节奏的要求来决定。有些影片中淡出与淡入之间还有一段黑场，给人一种间歇感，适用于自然段落的转换。

特点：前后镜头无重叠画面，信号使用 V 形变化。

时长：各 2s，中间加入一段黑的画面，称为缓淡，U 形淡变。

用途：大段落转换处，给人间歇感。

淡出、切入：节奏由慢到快。

切出、淡入：节奏由快到慢。

2．"化"——叠化（溶化、溶变）

前一个镜头的画面与后一个镜头的画面相叠加，前一个镜头的画面逐渐隐去，后一个镜头的画面逐渐显现的过程。

快化——叠化速度短促。

慢化——叠化过程所用时间比常规长，用于表现一种舒缓的情绪。

特点：X 形变化。

用途：时间的转换，表示时间的流逝；表现梦幻想象、回忆等插叙、回叙，称为化出、化入；表示景物变幻莫测、琳琅满目、目不暇接；用于补救视觉部顺的情况；情绪的渲染。

3．划像

划像分为划出、划入。前一个画面从某一个方向退出荧幕称为划出，下一个画面从某一个方向进入荧幕称为划入。划出与划入的形式多种多样，根据画面进、出荧幕的方向不同，可以分为横划、竖划、对角线划等。

时间：0.5～1s。

用途：用于意义差别较大的段落。

4．白闪

"白闪"也称"闪白"，是电视拍摄用语，指画面切换过程中场景出现空白。"白闪"能够制造出照相机拍照、强烈闪光、打雷、大脑中思维片段的闪回等效果，它是一种强烈刺激，能够产生速度感，并且能够把毫不关联的画面接起来而不会太让人感到突兀，尤其适合节奏强烈的片子。

3.2.2　无技巧过渡应用技巧

无技巧过渡是用镜头自然过渡来连接上下两段内容的，主要适用于蒙太奇镜头段落之间的转换和镜头之间的转换。与情节段落转换时强调的心理的隔断性不同，无技巧转换强调的是视觉的连续性。并不是任何两个镜头之间都可以应用无技巧过渡方法，运用无技巧过渡方法需要注意寻找合理的转换因素和适当的造型因素。运用无技巧过渡的方法主要有以下几种。

（1）两级镜头过渡：前一个镜头的景别与后一个镜头的景别恰恰是两个极端。前一个是特写，后一个是全景或远景；前一个是全景、远景，后一个是特写。效果：强调对比。

（2）同景别过渡：前一个场景结尾的镜头与后一个场景开头的镜头景别相同。效果：观众注意力集中，场面过渡衔接紧凑。

（3）特写过渡：无论前一组镜头的最后一个镜头是什么，后一组镜头都是从特写开始的。其特点是对局部进行突出强调和放大，展现一种平时在生活中用肉眼看不到的景别。我们称之为"万能镜头"、"视觉的重音"。

（4）声音过渡：用音乐、音响、解说词、对白等和画面的配合实现过渡。

（5）空镜头过渡：空镜头是指一些以刻画人物情绪、心态为目的的，只有景物、没有人物的镜头。空镜头过渡具有一种明显的间隔效果。其作用是渲染气氛，刻画心理，有明显的间离感。另外，为了叙事的需要，表现时间、地点、季节变化等。

（6）封挡镜头过渡：封挡是指画面上的运动主体在运动过程中挡死了镜头，使得观众无法从镜头中辨别出被摄物体对象的性质、形状和质地等物理性能。

（7）地点过渡：满足场的转换，比较适用于新闻类节目。根据叙事的需要，不顾及前后两幅画之间是否具有连贯因素而直接切换（使用硬切）。

（8）运动镜头过渡：摄影机不动，主体运动；摄像机运动，主体不动；或者两者均运动。其作用是过渡真实、流畅，可以连续展示有一个空间的场景，是纪实纪录片创作的有力武器。

（9）同一主体过渡：前后两个场景用同一物体来衔接，上下镜头有一种承接关系。

（10）出画入画：前一个场景的最后一个镜头走出画面，后一个场景的第一个镜头主体走入画面。

（11）主观镜头过渡：前一个镜头是人物去看，后一个镜头是人或物所看到的场景。它具有一定的强制性和主观性。

（12）逻辑因素过渡：前后镜头具有因果、呼应、并列、递进、转折等逻辑关系，这样的过渡合理自然、有理有据，在电视、广告片中运用较多。

3.3　过渡案例

3.3.1　翻开相册

（1）新建项目与序列，在"序列预设"选项卡的"可用预设"列表框中选择 DV-PAL 下面的"标准 48kHz"选项，如图 3.11 所示。

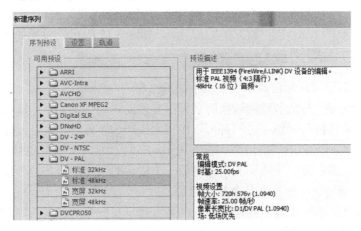

图 3.11　序列预设

（2）在项目面板的空白处双击，导入"素材与效果\第 3 章\翻开相册案例\素材案例素材"中的素材，如图 3.12 所示。

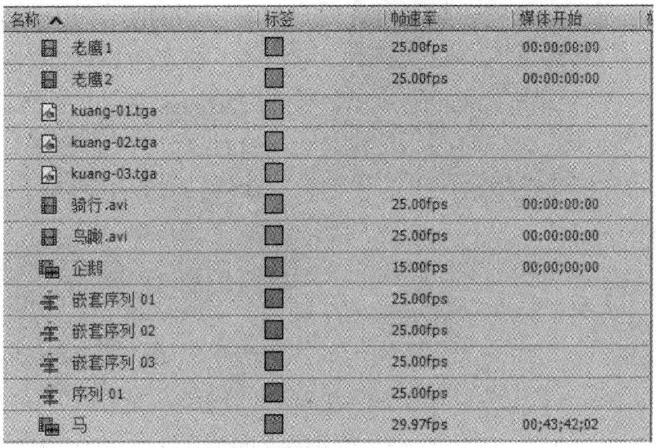

名称 ∧	标签	帧速率	媒体开始	帧
老鹰1		25.00fps	00:00:00:00	
老鹰2		25.00fps	00:00:00:00	
kuang-01.tga				
kuang-02.tga				
kuang-03.tga				
骑行.avi		25.00fps	00:00:00:00	
鸟瞰.avi		25.00fps	00:00:00:00	
企鹅		15.00fps	00;00;00;00	
嵌套序列 01		25.00fps		
嵌套序列 02		25.00fps		
嵌套序列 03		25.00fps		
序列 01		25.00fps		
马		29.97fps	00;43;42;02	

图 3.12　导入素材

（3）在项目面板中选中"kuang_01"素材，并拖动至时间线面板"视频 2"轨道上的开始位置，如图 3.13 所示。

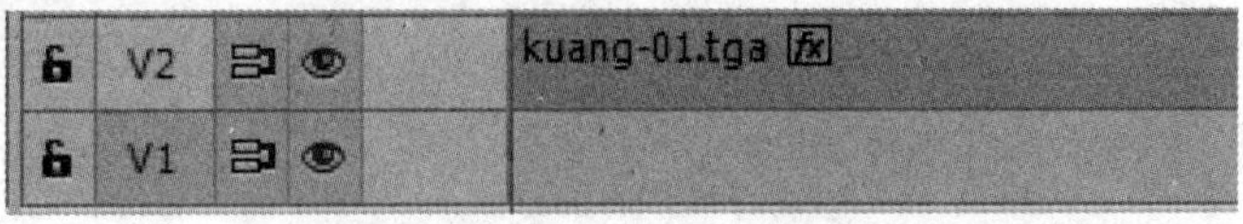

图 3.13　拖入素材"kuang_01"

（4）把素材"企鹅"拖动至时间线面板中"kuang_01"素材的下面，如图 3.14 所示。

图 3.14　拖入素材"企鹅"

（5）选中时间线面板中的"企鹅"素材，打开"效果控件"面板，展开"运动"选项，设置"位置"属性数值为"537.9"、"341.6"，取消勾选"等比缩放"复选框，"缩放高度"为"90.0"，"缩放宽度"为"78.0"，"旋转"数值为"11.7°"，如图3.15所示，效果如图3.16所示。

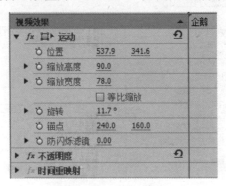

图3.15　调整素材的设置

图3.16　素材效果

（6）将"kuang_01"素材移至视频轨道3，在项目面板中找到"马"素材，并拖动至时间线面板中"kuang_01"素材的下面，如图3.17所示。

V3			kuang-01.tga fx
V2			马 fx
V1			企鹅 fx

图3.17　拖入素材

（7）在时间线面板中选中"马"素材，打开"效果控件"面板，展开"运动"选项，设置"位置"属性数值为"221.3"、"196.9"，"缩放"数值为"57.0"，"旋转"数值为"-11.8°"，如图3.18所示，效果如图3.19所示。

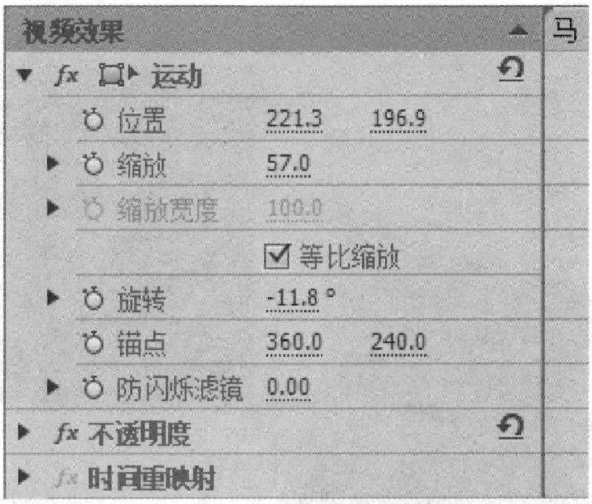

图 3.18　设置素材相关参数

图 3.19　最终效果（一）

（8）用同样的方法，对其他素材也进行类似的操作，如图 3.20 所示。效果如图 3.21 和图 3.22 所示。

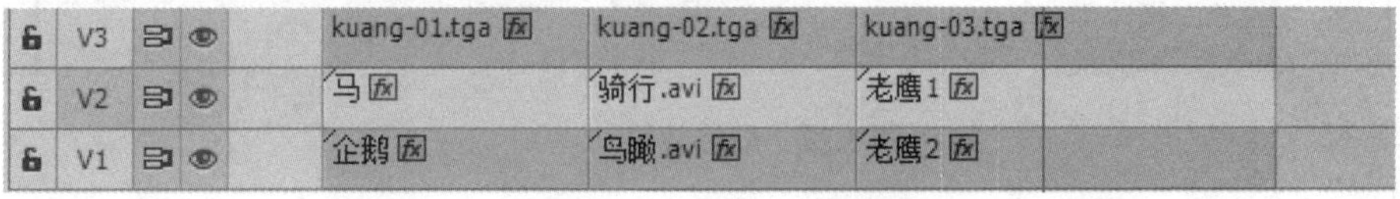

	V3			kuang-01.tga	kuang-02.tga	kuang-03.tga		
	V2			马	骑行.avi	老鹰1		
	V1			企鹅	鸟瞰.avi	老鹰2		

图 3.20　将素材依次拖动至时间线面板中

图 3.21　最终效果（二）

图 3.22　最终效果（三）

　　（9）分别选中 3 组素材，右击选择"嵌套"，为 3 组素材分别进行嵌套，效果如图 3.23 所示。

图 3.23 嵌套序列

（10）打开"效果"面板，选择"视频过渡"→"页面剥落"→"翻页"命令，并把"翻页"过渡添加在时间线面板的每两段序列素材中间，效果如图 3.24 所示。

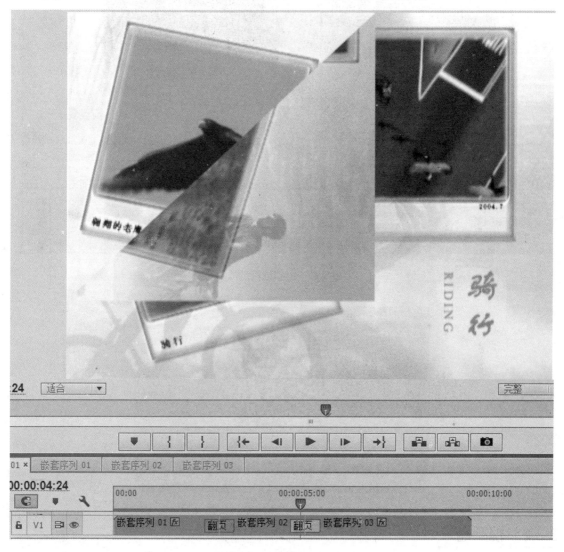

图 3.24 添加翻页转场

（11）分别单击时间线面板中的过渡，打开"效果控件"面板，设置"持续时间"为"00:00:00:20"，"对齐"方式为"中心切入"，如图 3.25 所示。"翻开的相册"案例制作完成。

图 3.25　调整过渡参数

3.3.2　视频墙

（1）新建项目与序列，在"序列预设"选项卡的"可用预设"列表框中选择 DV-PAL 下面的"标准 48kHz"选项，如图 3.26 所示。

（2）在项目面板中双击，导入"素材与效果\第 3 章\视频墙案例\素材"中的素材，如图 3.27所示。

（3）在项目面板中选中"底"素材，并拖动至时间线面板中"视频 1"轨道上开始的位置，如图 3.28 所示。

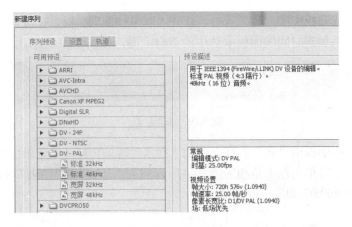

图 3.26 序列预设

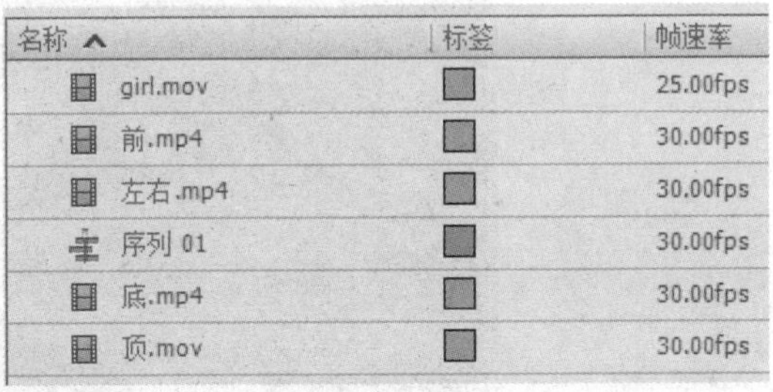

名称 ∧	标签	帧速率
girl.mov		25.00fps
前.mp4		30.00fps
左右.mp4		30.00fps
序列 01		30.00fps
底.mp4		30.00fps
顶.mov		30.00fps

图 3.27 导入素材

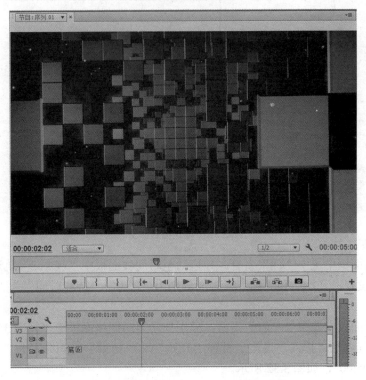

图 3.28 将素材拖动至时间线面板中

（4）选中时间线面板中的"底"素材，打开"效果控件"面板，在搜索栏中输入"摆入"，并将搜索到的过渡添加到时间线面板中选中的素材上面，如图3.29所示。

图3.29　添加转场

（5）选中时间线面板中"底"素材上面的"摆入"转场，打开"效果控件"面板，设置转场方向为"自南向北"（单击左上角相应的三角形），设置"开始"和"结束"时间分别为"25.0"，"持续时间"为"00:00:05:00"，如图3.30所示。

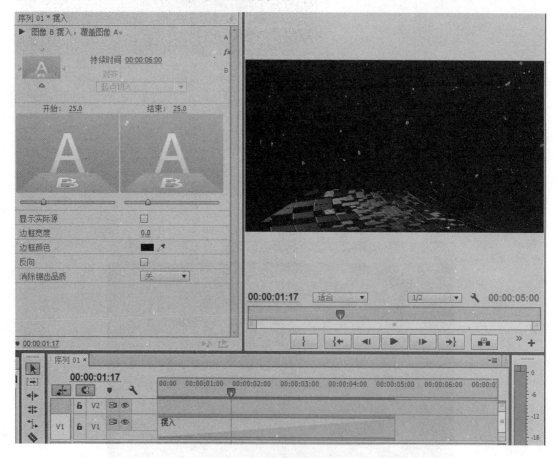

图3.30　设置特效参数

（6）在项目面板中选中"顶"素材，并拖动至时间线面板中"视频2"轨道上，为其添加"摆入"过渡。设置"开始"和"结束"时间分别为"25.0"，"持续时间"为"00:00:05:00"，如图3.31所示。

（7）在项目面板中选中"左右"素材，分别拖动至时间线面板中"视频3"轨道和"视频4"轨道上，为其添加"摆入"过渡。设置"开始"和"结束"时间分别为"25.0"，"持续时间"为"00:00:05:00"，如图3.32所示。

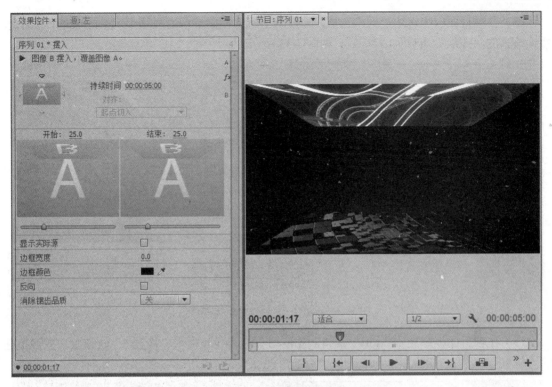

图 3.31　设置"顶"素材的过渡参数

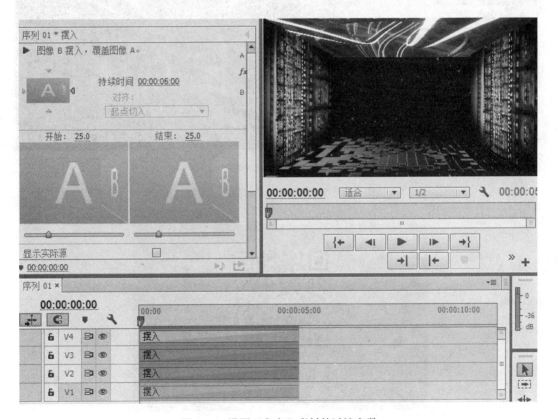

图 3.32　设置"左右"素材的过渡参数

（8）在项目面板中选中"前"素材，并拖动至时间线面板中"视频5"轨道上的开始位置，并调整它的"缩放"属性为"50.0"，如图3.33所示。

图3.33　设置"前"素材的运动参数

（9）在项目面板中选中"girl"素材，并拖动至时间线面板中"视频6"轨道上，并调整它的"位置"属性为"889.7"、"655.9"，"缩放"属性为"180.0"，如图3.34所示。

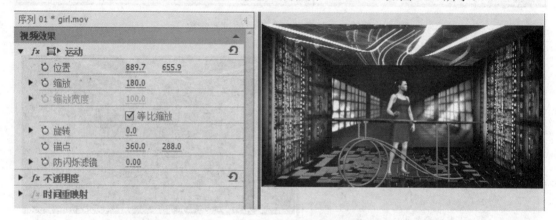

图3.34　设置"girl"素材的运动参数

本章小结

　　镜头与镜头的过渡和衔接应符合平滑、流畅的审美要求，过渡会影响整部影片的质量，因此镜头的衔接和过渡是后期制作中的重点工作内容之一。视频转场特效是 Premiere Pro 的重点特效之一，系统默认提供的转场特效有上百种，这些默认的转场特效可以节省用户制作过渡效果的时间，极大地提高了用户的工作效率。本章有针对性地介绍了转场的分类与应用特点，并用两个案例重点讲述了转场的应用技巧。

课后拓展练习

　　利用"名车展览"文件夹中的图片素材，自由发挥添加过渡效果，制作视频。

第4章

动画与特效

➡️ **教学目标与要点：**

❖ 掌握关键帧动画的概念。
❖ 熟悉关键帧的基本操作方法。
❖ 掌握速度控制的常用技巧。
❖ 掌握常用特效的应用技巧。

4.1 关键帧动画

在动画发展的早期阶段，动画依靠手绘逐帧渐变的画面内容，在快速连续的播放过程中产生连续的动作效果。而在 CG 动画时代，则只需要在物体阶段运动的端点设置关键帧，会在端点之间自动生成连续的动画，即关键帧动画。

4.1.1 关键帧动画概述

使用关键帧可以创建动画并控制动画、效果、音频属性，以及其他随时间变化而变化的属性。关键帧标记指示设置属性的位置，如空间位置、不透明度或音频的音量。关键帧之间的属性数值会被自动计算出来。当使用关键帧创建随时间而产生的变化时，至少需要两个关键帧，一个处于变化的起始位置和状态，而另一个处于变化结束位置的新状态。使用多个关键帧，可以为属性创建复杂的变化效果。

当使用关键帧为属性创建动画时，可以在效果控件或时间线面板中观察并编辑关键帧。有时，使用时间线面板设置关键帧，可以更方便、直观地对其进行调节。在设置关键帧时，应该注意以下问题。

（1）在时间线面板中编辑关键帧，适用于只具有一维数值参数的属性，如不透明度或音频的音量。而效果控件面板则更适用于二维或多维数值参数的属性，如色阶、旋转或比例等。

（2）在时间线面板中，关键帧数值的变化会以图表的形式展现，因此，可以直观分析数值随时间变化的大体趋势。默认状态下，关键帧之间的数值以线性的方式进行变化，但可以通过改变关键帧的插值，以贝赛尔曲线的方式控制参数的变化，从而改变数值变化的速率。

（3）效果控件面板可以一次性显示多个属性的关键帧，但只能显示所选的素材片段；而时间线面板可以一次性显示多轨道或多素材的关键帧，但每个轨道或素材仅显示一种属性。

（4）像时间线面板一样，效果控件面板也可以图像化显示关键帧。一旦某个效果属性的关键帧功能被激活，便可以显示其数值及其速率图。速率图以变化的属性数值曲线显示关键帧的变化过程，并显示可供调节用的柄，以调节其变化速率和平滑度。

（5）音频轨道效果的关键帧可以在时间线面板或音频混合器面板中进行调节。而音频素材片段效果的关键帧则像视频片段效果一样，可以在时间线面板或效果控件面板中进行调节。

4.1.2　操作关键帧的基本方法

使用关键帧可以为效果属性创建动画。在效果控件面板或时间线面板中可以添加并控制关键帧。在效果控件面板中，单击效果属性名称左侧的"秒表"按钮，会激活关键帧功能，并在时间指针当前位置自动添加一个关键帧，如图 4.1 所示。

图 4.1　激活关键帧码表

关键帧功能方便了关键帧的管理操作。单击"添加/删除关键帧"按钮 ◇，可以添加或删除当前时间指针所在位置的关键帧。单击此按钮前后的三角形箭头按钮 ◀，可以将时间指针移动到前一个或后一个关键帧的位置，如图 4.2 所示。改变属性的数值可以在空白的地方自动添加包含此数值的关键帧，如果此处有关键帧，则更改关键帧数值。

图 4.2　操作关键帧

单击属性名称左侧的三角形标记 ▶，可以展开此属性的曲线图表，包括数值图表和速率图表，如图 4.3 所示。再次单击"秒表"按钮，可以关闭属性的关键帧功能，设置的所有关键帧将被删除。

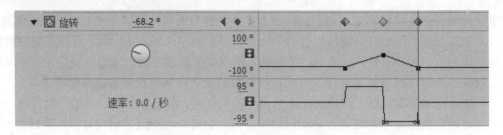

图4.3 关键帧运动属性曲线图

在时间线面板中，在轨道的素材片段上端的"效果"子菜单中，可以选择显示哪个属性的关键帧，同一轨道的素材片段可以显示不同属性的关键帧，如图4.4所示。视频轨道可以选择显示素材片段的关键帧或轨道的关键帧。

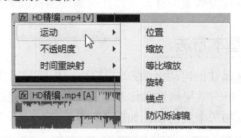

图4.4 在时间线面板中设置关键帧

知识点提示：

素材片段的"效果"子菜单位于视频轨道中每个素材文件名称的旁边，可以放大视图使其有足够的空间显示。

同效果控件面板一样，时间线面板的轨道控制面板区域也有一个"添加/删除关键帧"按钮 ◇ 和两个前后箭头按钮 ◀ ▶，其使用方法和特效控制面板中相同，如图4.5所示。

图4.5 时间线面板中的关键帧

时间线面板不仅显示关键帧，还以数值线的形式显示数值的变化。关键帧位置的高低表示了数值的大小。在时间线上进行关键帧控制前，可以先向上拖动轨道名称上方的边界，以扩展轨道显示的高度，方便关键帧控制，如图4.6所示。

图4.6 调整轨道的高度

按住 Ctrl 键，使用钢笔工具 ✐ 或选择工具 ▶ 单击数值线上的空白位置，可以添加关键帧。而按住 Ctrl 键，继续单击关键帧，可以改变其插值方法，在线性关键帧和贝塞尔关键帧中进行转换。当关键帧转化为贝塞尔插值时，可以使用钢笔工具调节其控制柄的方向和长度，从而改变关键帧之间的数值曲线，如图4.7所示。

使用钢笔工具 ✐ 或选择工具 ▶ 单击关键帧，可以将其选中；按住 Shift 键，可以连续选择多个关键帧。拖动选中的关键帧，可以对其位置和数值进行调节，此时会显示关键帧的时间码和属性值，如图 4.8 所示。使用钢笔工具 拖动出一个区域，可以将区域内的关键帧全部选中。选择"编辑"→"剪切"/"复制"/"粘贴"/"清除"命令，可以对选中的关键帧进行剪切、复制、粘贴及清除的操作，其对应的快捷键分别为 Ctrl+X、Ctrl+C、Ctrl+V、Backspace。粘贴多个关键帧时，可从时间指针位置开始顺序粘贴。

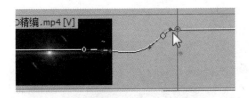

图 4.7　调整关键帧的柔缓曲线

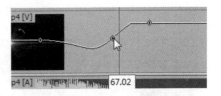

图 4.8　选择编辑时间线面板中的关键帧

4.2　动画案例

4.2.1　冲浪

（1）新建项目与序列，在"序列预设"选项卡的"可用预设"列表框中选择 DV-PAL 下面的"标准 48kHz"选项，如图 4.9 所示。

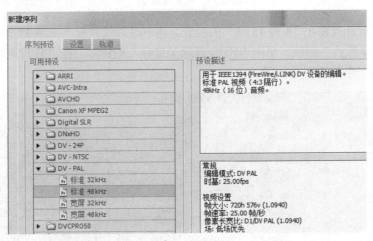

图 4.9　新建序列

（2）在项目面板的空白处双击，导入"素材与效果\第 4 章\冲浪\素材"中的素材，如图 4.10 所示。

（3）将时间指针放置在"10 帧"的位置，在项目面板中将"冲浪"素材拖动至时间线面板中"视频 1"轨道上。打开"**效果控件**"面板，展开"时间重映射"选项，展开"速度"选项，单击"添加/删除关键帧"按钮 ，并在"速度"属性上建立关键帧，数值为"100.00%"，如图 4.11 所示。

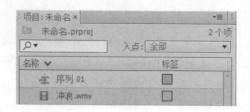

图 4.10　导入案例素材

图 4.11　时间重映射

（4）将时间指针放置在"4 秒 15 帧"的位置，选中时间线面板"视频 1"轨道上的"冲浪"素材，打开"效果控件"面板，单击"添加/删除关键帧"按钮◇，在"时间重映射"中的"速度"属性上添加一个关键帧，如图 4.12 所示。

图 4.12　添加关键帧

（5）在"效果控件"面板中调整速度调节曲线的位置，如图 4.13 所示。

（6）单击按钮 ，出现控制柄，调整曲线的圆滑程度，如图 4.14 和图 4.15 所示。

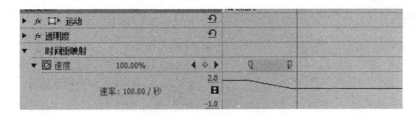

图 4.13 调整关键帧的曲线值

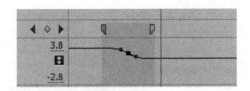

图 4.14 调整手柄

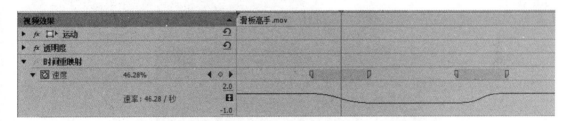

图 4.15 调整后的效果

4.2.2 神奇的九寨

（1）新建项目与序列，在"序列预设"选项卡的"可用预设"列表框中选择 DV-PAL 下面的"标准 48kHz"选项，如图 4.16 所示。

（2）在项目面板的空白处双击，导入"素材与效果\第 4 章\神奇的九寨\素材"中的素材，如图 4.17 所示。

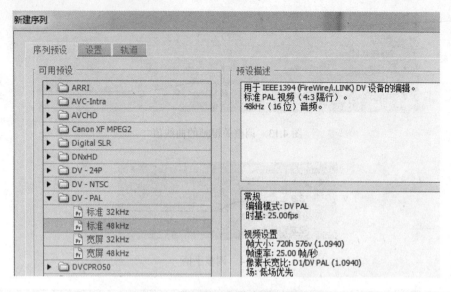

图4.16　新建序列

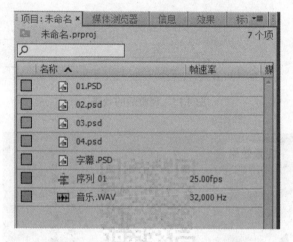

图4.17　导入案例素材

（3）在项目面板中将"01.PSD"素材拖动至时间线面板中的"视频1"轨道上，调整持续时间为"12秒22帧"。右击时间线面板中的素材，在弹出的快捷菜单中选择"缩放为帧大小"命令，如图4.18所示。

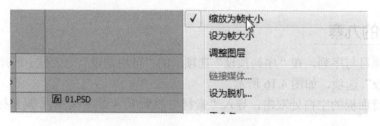

图4.18　调整素材适配于画面

（4）选中时间线面板中的"01.PSD"素材，打开"效果控件"面板，展开"运动"选项和"透明度"选项。把时间指针放置在"0秒0帧"位置，激活"位置"、"缩放"和"不透明度"

前面的码表，设置"透明度"为"0.0%"，如图 4.19 所示。

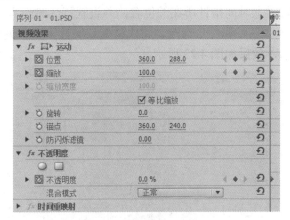

图 4.19　为素材建立关键帧

（5）把时间指针放置在"2 秒 0 帧"位置，将"效果控件"面板中的"位置"设置为"122.0"、"288.0"，"缩放"设置为"30.0"，"不透明度"设置为"100.0%"，如图 4.20 所示，效果如图 4.21 所示。选中"01.PSD"素材并右击，在弹出的快捷菜单中选择"复制"命令。

图 4.20　调整关键帧的数值

图 4.21　调整后的效果

（6）将时间指针放置在"4秒0帧"位置，在项目面板中找到"02.PSD"素材，拖动至时间线面板中"视频2"轨道上时间指针所在的位置，并设置持续时间为"12秒22帧"。右击，在弹出的快捷菜单中选择"粘贴属性"命令，将"位置"属性第2个关键帧设置为"353.2"、"288.0"，如图4.22所示，效果如图4.23所示。

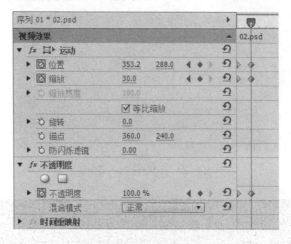

图4.22　调整位置关键帧

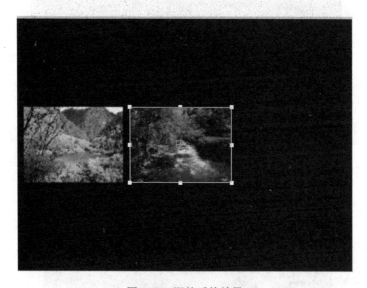

图4.23　调整后的效果

（7）将时间指针放置在"8秒0帧"位置，在项目面板中找到"03.PSD"素材，拖动至时间线面板中"视频3"轨道上时间指针所在的位置，将位置属性第2个关键帧设置为"600.6"、"6288.0"，如图4.24所示，效果如图4.25所示。

（8）新建序列，在项目面板中单击"新建"按钮，选择"序列"选项，弹出"新建序列"对话框，在"序列预设"选项卡的"可用预设"列表框中选择DV-PAL下面的"标准48kHz"选项，如图4.26所示。

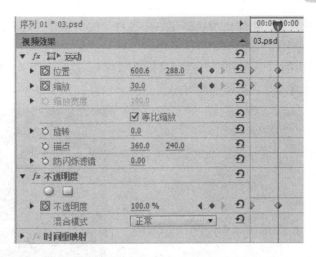

图 4.24　调整位置关键帧

图 4.25　调整后的效果

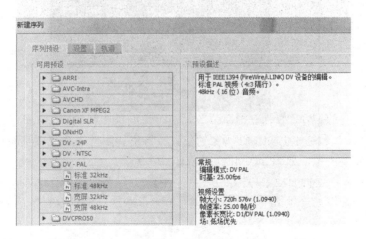

图 4.26　新建序列

（9）在项目面板中将"序列 01"拖动至"序列 02"中的"视频 2"轨道上，完成序列嵌套。选中"序列 01"并右击，在弹出的快捷菜单中选择"取消链接"命令，然后删除"音频 1"轨道中的音频素材，如图 4.27 所示。

（10）将项目面板中的"字幕.PSD"素材拖动至"序列 02"中的"视频 1"轨道上，调整其持续时间，使其与"视频 2"轨道中素材出点保持一致，如图 4.28 所示。

图 4.27　解除音频链接　　　　　　　　　　　　　图 4.28　导入字幕素材

（11）选中"视频 1"轨道中的"字幕.PSD"素材，并按住 Alt 键的同时向上拖动，复制一层并放于"视频 3"轨道中的开始位置，调整入点为"7 秒 16 帧"，如图 4.29 所示。

图 4.29　复制字幕素材

（12）将时间指针放置在"10秒06帧"位置，选中时间线面板中"视频3"轨道上的"字幕.PSD"素材，打开"效果控件"面板，展开"透明度"选项，在透明度上建立关键帧，"不透明度"参数设置为"0.0%"，如图4.30所示。

图4.30　建立不透明度关键帧（一）

（13）将时间指针移动至素材结束位置，调整"效果控件"面板中"不透明度"关键帧参数为"100.0%"，如图4.31所示。

图4.31　设置不透明度关键帧（二）

（14）将项目面板中的"音乐.WAV"素材拖动至"音频轨道1"的开始位置，并调整时间线面板中所有视频轨道中素材的出点，使其与音频轨道中素材出点保持一致，如图4.32所示。

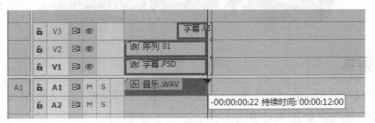

图4.32　调整素材出点

（15）将时间指针放置在"10秒20帧"位置，选中时间线面板中"视频2"轨道上的"序列01"素材，打开"效果控件"面板，展开"运动"选项，在"位置"属性上激活关键帧，调整如图4.33所示。

（16）将时间指针移至素材结束位置，调整"位置"属性关键帧参数为"−357.0"、"288.0"，如图4.34所示。

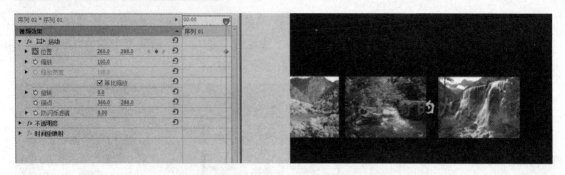

图 4.33　建立位置属性关键帧

图 4.34　设置位置关键帧

4.2.3　卷展画卷

（1）新建项目与序列，在"序列预设"选项卡的"可用预设"列表框中选择 DV-PAL 下面的"标准 48kHz"选项，如图 4.35 所示。

（2）在项目面板的空白处双击，导入"素材与效果\第 4 章\卷展画卷案例\素材\卷展效果.psd"。在弹出的"导入分层文件：卷展效果"对话框中，选择"各个图层"选项，单击"确定"按钮，如图 4.36 所示。

（3）导入素材后，项目面板如图 4.37 所示。

（4）在项目面板中选中素材"图层 4/卷展效果.psd"，并拖动至时间线面板中"视频 1"轨道中的开始位置，持续时间为"13 秒 11 帧"，如图 4.38 所示。

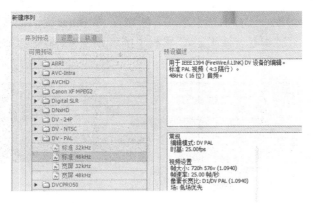

图 4.35　序列预设

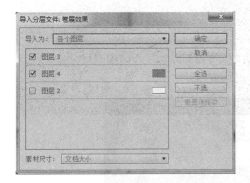

图 4.36　导入分层文件素材

图 4.37　项目面板

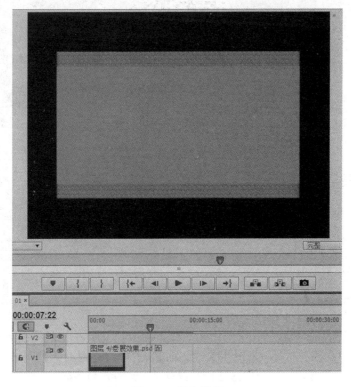

图 4.38　导入素材

（5）打开"效果"面板，在搜索栏中输入"划出"，按 Enter 键。把搜索到的"划出"过渡拖动至时间线面板中"图层 4/卷展效果.psd"素材上的开始位置，特效持续时间为"4 秒 03 帧"，如图 4.39 所示。

图 4.39　添加特效

知识点提示：

划出指从画面的某个角点对前一段素材画面进行页面翻折，翻折的部分为透明，以显示后一段素材画面。

（6）在项目面板中选中"图层 3/卷展效果.psd"素材，并拖动至时间线面板中"视频 2"轨道上的开始位置，持续时间为"13 秒 11 帧"，如图 4.40 所示。

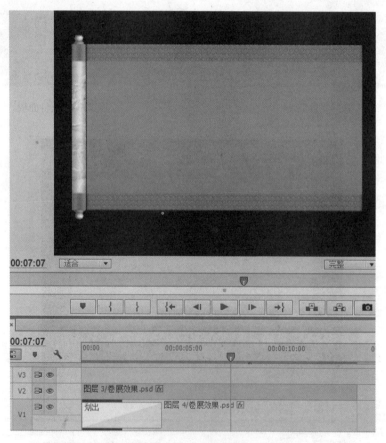

图 4.40　导入素材

（7）在项目面板中选中"图层 3/卷展效果.psd"素材，并拖动至时间线面板中"视频 3"轨道上的开始位置，调整持续时间为"13 秒 11 帧"，如图 4.41 所示。

🔒	V3			🔳 图层 3/卷展效果.psd	
🔒	V2			🔳 图层 3/卷展效果.psd	
🔒	V1		划出	🔳 图层 4/卷展效果.psd	

图 4.41 导入素材

（8）在时间线面板中选中"视频 3"轨道中的"卷展效果.psd"素材，打开"效果控件"面板，展开"运动"选项，在"位置"属性上建立关键帧，将时间指针移至 10 帧处，设置参数为"392.0"、"288.0"，如图 4.42 所示。

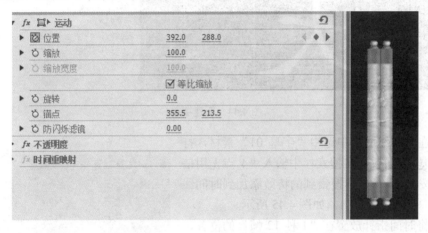

图 4.42 设置"位置"属性关键帧

（9）把时间指针放置在 3 秒 18 帧位置，设置位置属性为"961.9"、"288.0"，如图 4.43 所示。

图 4.43 设置位置关键帧

技巧提示：过渡动画与位置关键帧动画需要协调、同步，通过移动左右光标键可以发现过渡动画的开始位置并不在过渡中的"开始"位置。如果过渡动画与位置关键帧动画不匹配，则可以通过移动"效果控件"面板中关键帧的位置，或者调整过渡的长度来实现两者的协调。

（10）在项目面板的空白处右击，在弹出的快捷菜单中选择"新建项目"→"序列"命令，序列设置与前面建立的序列保持一致。再次在项目面板的空白处右击，在弹出的快捷菜单中选择

"新建项目"→"字幕"命令,在打开的字幕编辑器中设置"字体系列"为"华文楷体","字体大小"为"300.0",如图4.44所示。将字幕文件"字幕01"拖动至序列2中的视频轨道1中。

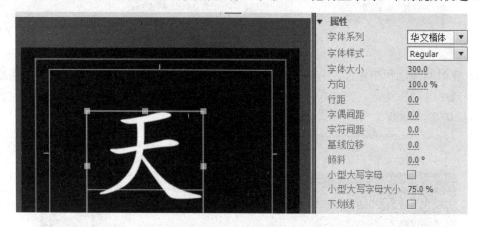

图4.44　新建字幕

（11）在时间线面板中选中"字幕01"素材,打开"效果控件"面板,在搜索栏中输入"4点无用信号遮罩",按Enter键,将搜索到的特效添加到时间线面板的"字幕01"素材中,如图4.45所示。

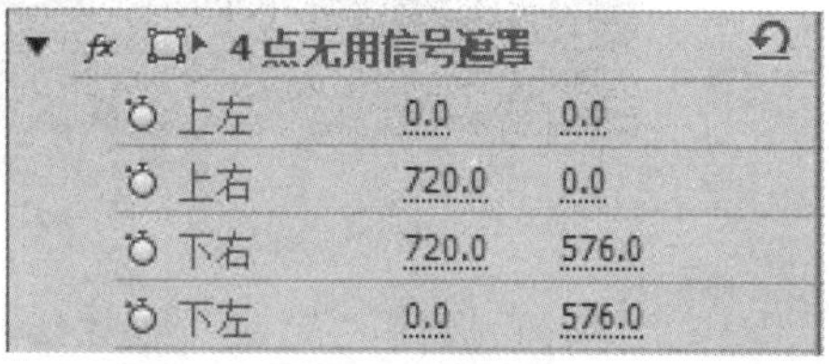

（12）将时间指针放置在"1秒12帧"的位置,选中"效果控件"面板中的"4点无用信号遮罩"特效。分别在"上左"、"上右"、"下左"、"下右"4个选项上建立关键帧,并分别调整数值"上左"为265、

图4.45　添加特效

175.3,"上右"为436.1、142,"下右"为456.2、174,"下右"为289.4、196,如图4.46所示。

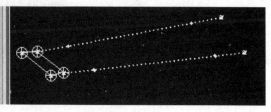

图4.46　建立特效关键帧

(13)将时间指针放置在"0秒0帧"位置,设置关键帧数值的"上右"为278.4、174,"下右"为300.9,193.3,如图4.47所示。注意:"4点无用信号遮罩"的关键帧参数仅供参考,建议在节目监视器中通过鼠标移动4个控制点。

图4.47　设置特效关键帧

（14）将时间指针放置在"1 秒 21 帧"，将项目面板中的"字幕 01"素材再次拖动至时间线面板中的"视频 2"轨道上，如图 4.48 所示。

图 4.48 拖入素材

（15）打开"效果"面板，添加"8 点无用信号遮罩"，在节目监视器中调整各个控制点，如图 4.49 所示。

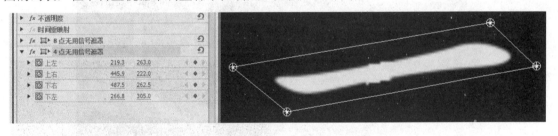

图 4.49 调整特效控制点（一）

（16）将时间指针放置在"3 秒 10 帧"，添加"4 点无用信号遮罩"，激活各个特效属性前面的码表，在节目监视器中调整各个控制点，如图 4.50 所示。

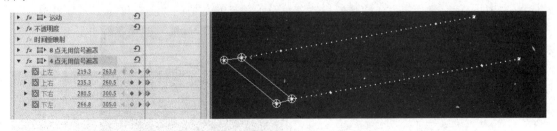

图 4.50 调整特效控制点（二）

（17）将时间指针放置在"1 秒 21 帧"，调整"4 点无用信号遮罩"中的控制点，如图 4.51 所示。

图 4.51 调整特效控制点（三）

（18）把时间指针放置在"3 秒 19 帧"，再次将项目面板中的"字幕 01"素材拖动至时间线面板中的"视频 3"轨道上，如图 4.52 所示。

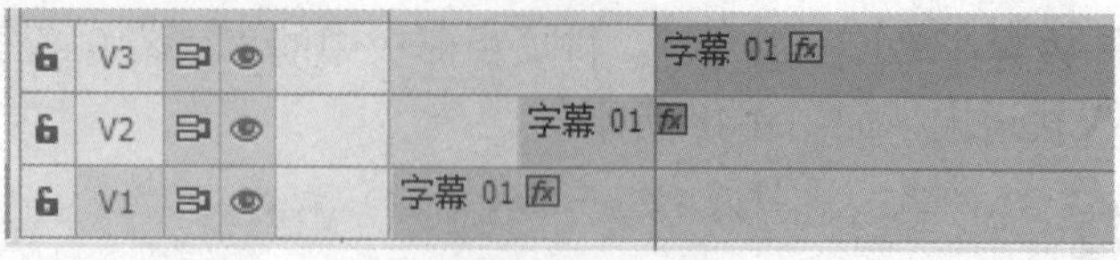

🔒	V3	⊟▸	👁			字幕 01 🖾
🔒	V2	⊟▸	👁		字幕 01 🖾	
🔒	V1	⊟▸	👁	字幕 01 🖾		

图 4.52　导入素材

（19）选中视频轨道 3 中的"字幕 01"素材，添加 8 点无用信号遮罩特效，在节目监视器中调整控制点，如图 4.53 所示。

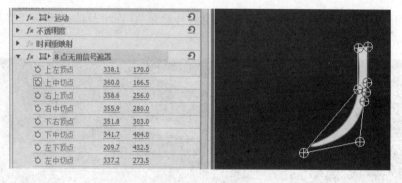

图 4.53　调整特效控制点（一）

（20）将时间指针放置在"5 秒 10 帧"，打开"效果控件"面板，添加特效"4 点无用信号遮罩"，在节目监视器中调整特效控制点，如图 4.54 所示。

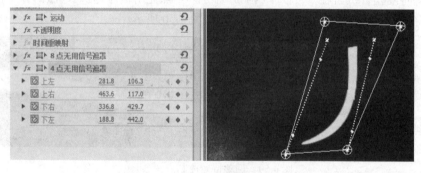

图 4.54　调整特效控制点（二）

（21）将时间指针放置在"3 秒 21 帧"，在节目监视器中调整"4 点无用信号遮罩"控制点，如图 4.55 所示。

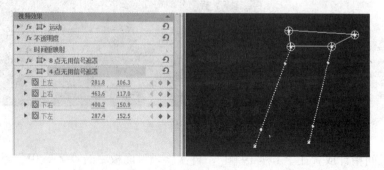

图 4.55　调整特效控制点（三）

（21）将时间指针放置在"5秒13帧"的位置，再次将项目面板中选中的"字幕01"素材拖动至时间线面板中的"视频4"轨道上，如图4.56所示。

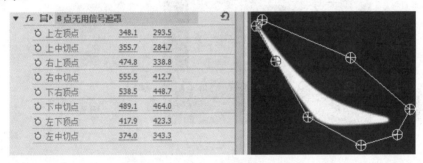

图4.56 导入素材

（22）选中视频4轨道中的字幕01素材，添加"8点无用信号遮罩"，并调整特效控制点，如图4.57所示。

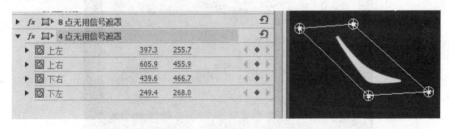

图4.57 调整特效控制点（一）

（23）将时间指针放置在"7秒00帧"的位置，添加特效"4点无用信号遮罩"，调整特效控制点，如图4.58所示。

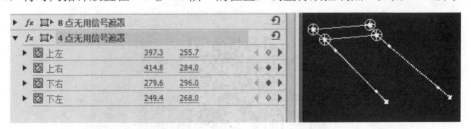

图4.58 调整特效控制点（二）

（24）将时间指针放置在"5秒16帧"的位置，调整特效控制点，如图4.59所示。

图4.59 调整特效控制点（三）

（25）选择"序列01"，将时间指针放置在"4秒0帧"，将项目面板中的"序列02"拖动至"序列01"中"视频5"轨道上时间指针所在位置，如图4.60所示。

🔒 V4	🎬 👁		序列 02 [V] 🎬
🔒 V3	🎬 👁		图层 3/卷展效果.psd 🎬
🔒 V2	🎬 👁		图层 3/卷展效果.psd 🎬
🔒 V1	🎬 👁	划出	图层 4/卷展效果.psd 🎬

图 4.60　导入序列 02

（26）在项目面板中选中"字幕 01"素材并双击，打开字幕编辑器，把"天"字幕的填充颜色设置为黑色，如图 4.61 所示。最终效果如图 4.62 所示。

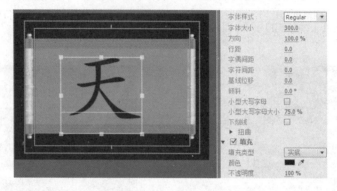

图 4.61　修改字幕颜色

图 4.62　最终效果

4.3 特效案例

4.3.1 边角固定

（1）在项目面板中，单击"新建"按钮 ，选择"序列"命令，在弹出的"新建序列"对话框中选择"设置"选项卡，设置"编辑模式"为"DV 24p"，"时基"为"23.976 帧/秒"，"帧大小"中的"水平"和"垂直"分别为 720、480，"像素长宽比"设置为"D1/DV NTSC(0.9091)"，单击"确定"按钮，如图 4.63 所示。

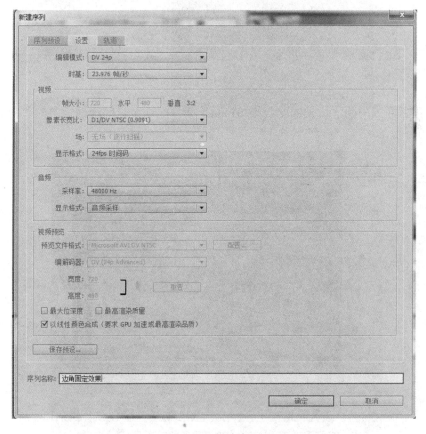

图 4.63　新建序列

（2）在项目面板的空白处双击，导入"素材与效果\第 4 章\边角固定案例\素材"，如图 4.64 所示。

图 4.64　导入案例素材

（3）在项目面板中选中"边角固定效果 02.jpg"素材并拖动至时间线面板中的"视频 1"轨道上，调整素材持续时间为 11 秒 23 帧，并调整其"运动"属性相关参数，将"位置"设置为"360.0"、"240.0"，"缩放"设置为"90.0"，"锚点"设置为"408.0"、"259.5"，如图 4.65 所示。

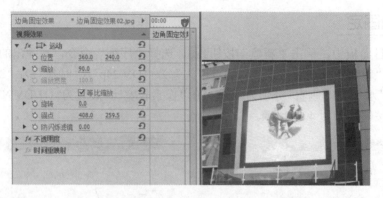

图 4.65　调整运动属性参数

（4）将项目面板中的"边角固定效果 01.avi"素材拖动至时间线面板中的"视频 2"轨道上，如图 4.66 所示。

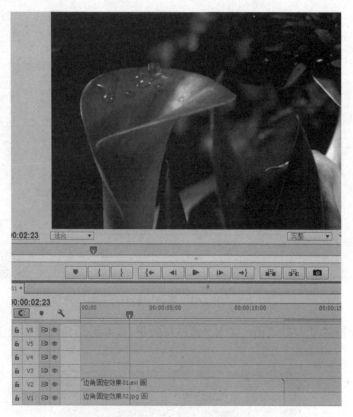

图 4.66　导入素材

（5）选中时间线面板中的"边角固定效果 01.avi"素材，打开"效果控件"面板，添加"边角定位"与"灰度系数校正"，在"效果控件"面板中，设置"缩放"为"50.0"，"边角定位"

特效中的"左上"设置为"91.0"、"117.0","右上"设置为"628.0"、"50.0","左下"设置为"66.0"、"592.0","右下"设置为"642.0"、"558.0",在"灰度系数校正"特效中设置"灰度系数"为"5",如图 4.67 所示。最终效果如图 4.68 所示。

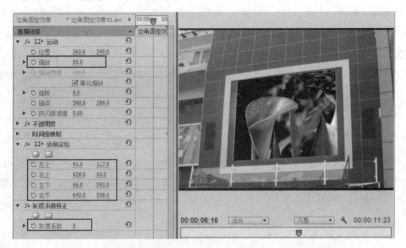

图 4.67　效果控件面板

图 4.68　最终效果

4.3.2 怀旧老照片

（1）新建序列。在项目面板中，单击"新建"按钮 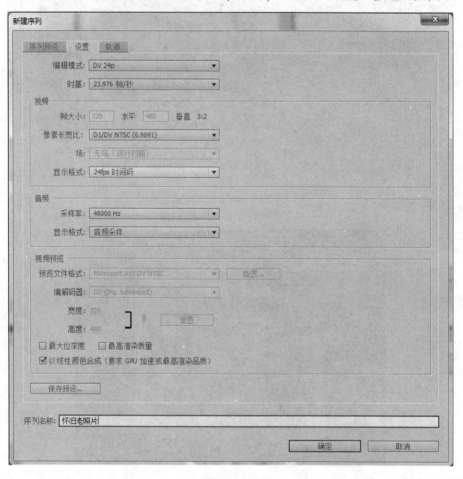，选择"序列"命令，在弹出的"新建序列"对话框中选择"设置"选项卡，设置"编辑模式"为"DV 24p"，"时基"为"23.976帧/秒"，"像素长宽比"设置为"D1/DV NTSC(0.9091)"，单击"确定"按钮，如图4.69所示。

图 4.69　新建序列

（2）在项目面板的空白处双击，导入"素材与效果\第4章\怀旧老照片\素材"中的素材，如图4.70所示。

图 4.70　导入案例素材

（3）将项目面板中的"怀旧老照片效果.jpg"素材拖动至"视频 1"轨道上并右击，在弹出的快捷菜单中选择"缩放为帧大小"命令，如图4.71所示。

图 4.71 缩放帧大小

（4）打开"效果控件"面板。在"怀旧老照片效果.jpg"素材上添加"灰度系数校正"、"黑白"、"RGB曲线"与"杂色HLS自动"特效。在"效果控件"面板中，将"缩放"设置为"102.0"，在"灰度系数校正"特效中设置"灰度系数"为"7"，在"杂色HLS自动"特效中设置"色相"为"11.7%"，"饱和度"设置为"22.8%"，如图4.72所示。曲线调整如图4.73所示。最终效果如图4.74所示。

▼ fx 🎬▶ 运动		⟲
⟳ 位置	360.0 240.0	
▶ ⟳ 缩放	102.0	
▶ ⟳ 缩放宽度	100.0	
	☑ 等比缩放	
▶ ⟳ 旋转	0.0	
⟳ 描点	512.0 384.0	
▶ ⟳ 防闪烁滤镜	0.00	
▶ fx 不透明度		⟲
▶ fx 时间重映射		
▼ fx 灰度系数校正		⟲
▶ ⟳ 灰度系数	7	
fx 黑白		⟲

▼ fx 杂色 HLS 自动	
⟳ 杂色	均匀 ▼
▶ ⟳ 色相	11.7 %
▶ ⟳ 亮度	0.0 %
▶ ⟳ 饱和度	22.8 %
▶ ⟳ 颗粒大小	1.00
▶ ⟳ 杂色动画速度	24.0

图 4.72 "效果控件"面板

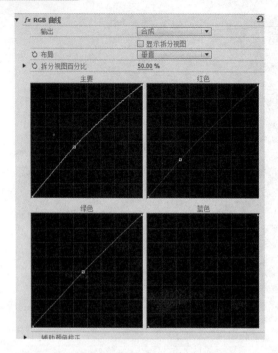

图 4.73　RGB 曲线调整

图 4.74　最终效果

4.3.3 人物抠像

（1）新建序列，在项目面板中单击"新建"按钮，选择"序列"命令，弹出"新建序列"对话框，在"序列预设"选项卡的"可用预设"列表框中选择DV-PAL下面的"标准48kHz"选项，如图4.75所示。

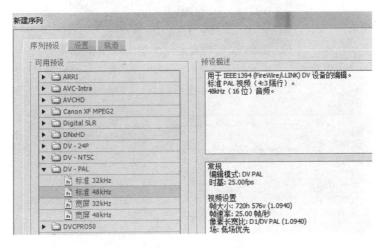

图4.75 序列预设

（2）在项目面板的空白处双击，导入"素材与效果\第4章\人物抠像\素材"中的素材，如图4.76所示。

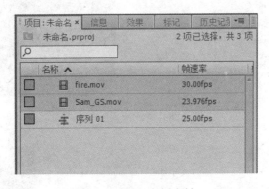

图4.76 导入案例素材

（3）将项目面板中的"fire.mov"素材拖动至"视频1"轨道上，将"Sam_GS.mov"素材拖动至"视频2"轨道上，如图4.77所示。

（4）打开"效果控件"面板，将"色度键"添加到"Sam_GS.mov"素材上，调整参数的"相似性"为"27.0%"，如图4.78所示。

（5）打开"效果控件"面板，将"非红色键"添加到"Sam_GS.mov"素材上，设置"去边"为"绿色"，如图4.79所示。

图 4.77　导入素材

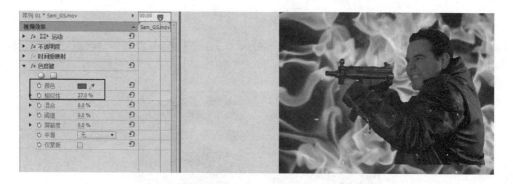

图 4.78　添加特效（一）

图 4.79　添加特效（二）

（6）选择"Sam_GS.mov"素材并右击，在弹出的快捷菜单中选择"嵌套"命令，将"Sam_GS.mov"素材嵌套，再添加"复制"特效，设置"计数"为"4"，如图 4.80 所示。

图 4.80 添加复制特效

知识点提示:

嵌套的目的是解决两个视频素材大小不统一问题;复制指将屏幕分成多个小块,并在每块中显示整个画面内容。

(7)在项目面板的空白处右击,在弹出的快捷菜单中选择"新建项目"→"黑场"命令,并将新建的"黑场"拖动至时间线面板中的"视频3"轨道上,调整持续时间为"5秒",如图4.81 所示。

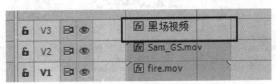

图 4.81 建立黑场

(8)在"黑场"素材上添加"网格"特效,设置"锚点"为"0.0"、"0.0","边角"为"180.0"、"144.0","边框"为"20.0",颜色设置为"RGB(13,140,187)",如图 4.82 所示。

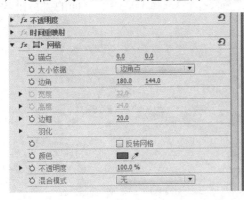

图 4.82 添加特效

知识点提示:

网格的功能是创建一个自定义的网格,还可以设置其混合模式。

(9)将"视频2"轨道上的嵌套序列复制到"视频4"轨道上,并删除复制特效,适当调整其位置，如图 4.83 所示。

图 4.83　复制序列并调整位置

4.3.4　水墨画制作

（1）新建序列，在项目面板中单击"新建"按钮，选择"序列"命令，弹出"新建序列"对话框，在"序列预设"选项卡的"可用预设"列表框中选择 DV-PAL 下面的"标准 48kHz"选项，如图 4.84 所示。

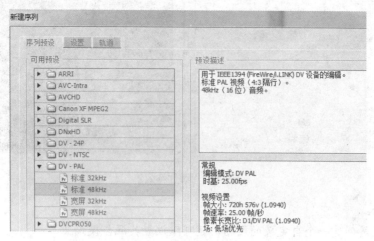

图 4.84　新建序列

（2）在项目面板的空白处双击，导入"素材与效果\第 4 章\水墨画\素材"中的素材，如图 4.85 所示。

（3）在项目面板的空白处右击，在弹出的快捷菜单中选择"新建项目"→"颜色遮罩"命令，在弹出的"拾色器"中设置 R 为 196，G 为 194，B 为 165，如图 4.86 所示。

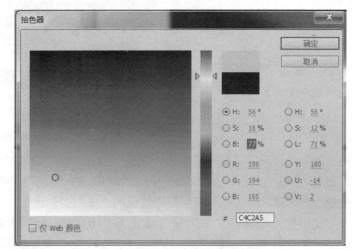

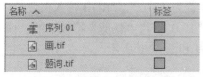

图 4.85　导入案例素材　　　　　　　　　　　　图 4.86　设置颜色

（4）在项目面板中选中"颜色遮罩"素材，并拖动至时间线面板中的"视频 1"轨道上，调整持续时间为"4 秒 24 帧"，如图 4.87 所示。

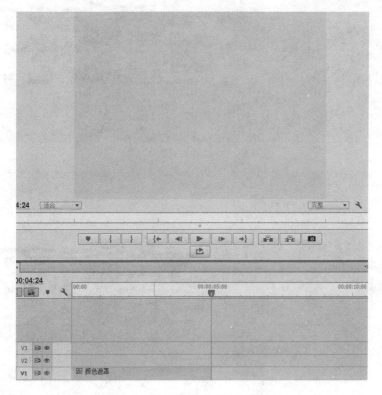

图 4.87　拖动素材到时间线面板中

（5）在项目面板中选中"画.tif"素材，并拖到至时间线面板中的"视频2"轨道上，调整持续时间为"4秒24帧"，如图4.88所示。

图4.88　导入素材

（6）选中时间线面板中的"画.tif"素材，打开"效果控件"面板，依次添加"黑白"、"查找边缘"、"色阶"、"高斯模糊"、"裁剪"特效。将"查找边缘"特效中将"与原始图像混合"设置为"55%"；将"色阶"特效中的"RGB输入黑色阶"设置为"105"，"RGB输入白色阶"设置为"167"；将"高斯模糊"特效中的"模糊度"设置为"10.0"；将"裁剪"特效中的"顶部"设置为"10.0%"，"底对齐"设置为"10.0%"，如图4.89和图4.90所示。

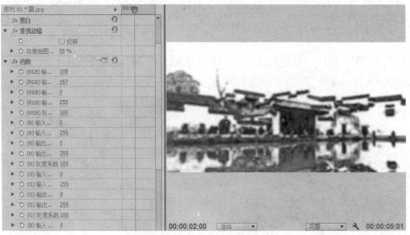

图4.89　特效参数设置（一）

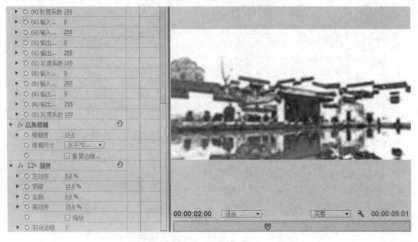

图4.90　特效参数设置（二）

知识点提示：

黑白：将彩色素材画面转换为灰阶图。此效果不支持关键帧。

查找边缘：定义素材画面中明显的区域边界，并以暗色的线条进行强调。

色阶：操纵素材片段的亮度和对比度。其整合了色彩平衡、灰度校正、亮度与对比度和色彩转换的基本功能。效果的设置对话框中显示当前帧的色阶直方图。x 轴代表亮度，从左至右表示从暗到亮；y 轴表示此亮度值的像素数。在其中可以进行类似于 Photoshop 中的色阶调整。

高斯模糊：对图像进行模糊和柔化，并去除噪点。可以将模糊设置为横向、纵向或全部。

（7）在项目面板中选中"题词.tif"素材，并拖动至时间线面板中"视频 3"轨道上的开始位置，调整持续时间为"4 秒 24 帧"，如图 4.91 所示。

图 4.91　导入素材

（8）选中时间线面板中的"题词.tif"素材，调整"位置"为"554.0"、"132.0"，将"缩放"设置为"121.0"，"锚点"设置为"119.0"、"53.0"，打开"效果控件"面板，添加"亮度键"，将"屏蔽度"设置为"61.0%"，如图 4.92 所示。

图 4.92　调整运动参数与亮度键

知识点提示：

亮度键：能够键出图像的灰度值，但又能够同时保持它的色彩值。所以"亮度键"常用于纹理背景上，使素材影片覆盖纹理背景。它可调整的参数包括"阈值"及"屏蔽"。所以它对大面积的灰度图像的调整效果很好。

4.3.5 水滴中的女孩

（1）新建序列。在项目面板中单击"新建"按钮，选择"序列"命令，弹出"新建序列"对话框，在"序列预设"选项卡的"可用预设"列表框中选择 DV-PAL 下面的"标准 48kHz"选项，如图 4.93 所示。

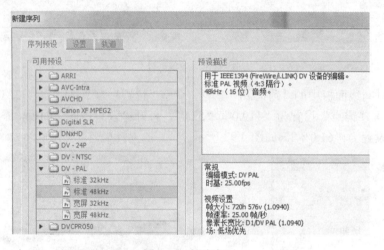

图 4.93　新建序列

（2）在项目面板的空白处双击，导入"素材与效果\第 4 章\水滴中的女孩\素材"中的素材，如图 4.94 所示。

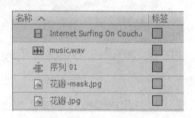

图 4.94　导入案例素材

（3）在项目面板中选中"花瓣.jpg"素材并拖动至"视频 1"轨道上，调整出点到"6 秒 20 帧"处，如图 4.95 所示。

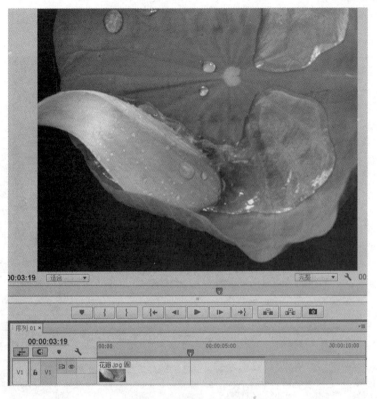

图 4.95 导入素材"花瓣 jpg"

（4）在项目面板中选中"Internet Surfing On Couch.mp4"素材拖动至"视频 2"轨道上，调整出点到"6 秒 20 帧"处，如图 4.96 所示。

图 4.96 导入素材

（5）在项目面板中选中"花瓣-mask.jpg"素材，并将其拖动至时间线面板中"视频3"轨道上的开始位置，调整持续时间为"6秒20帧"，如图4.97所示。

图4.97　导入素材"花瓣-mask.jpg"

（6）选中时间线面板中的"Internet Surfing On Couch.mp4"素材，打开"效果控件"面板，添加"水平翻转"特效，如图4.98所示。

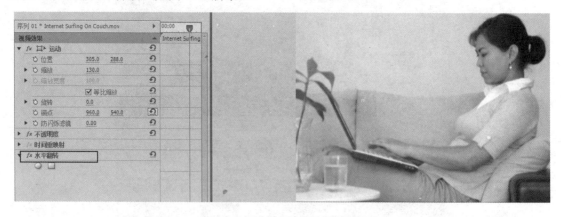

图4.98　添加"水平翻转"特效

（7）选中时间线面板中"视频3"轨道上的"花瓣-mask.jpg"素材，打开"效果控件"面板，展开"透明度"选项，设置不透明度属性值为"50%"，如图4.99所示。

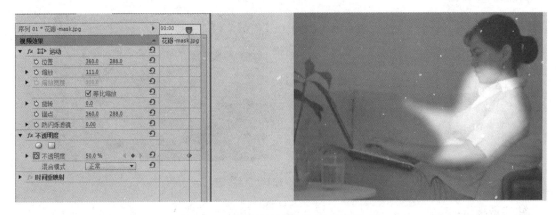

图 4.99　调整素材不透明度属性的参数

（8）选中时间线面板中"视频 2"轨道上的"Internet Surfing On Couch.mp4"素材，打开"效果控件"面板，展开"运动"选项，调整素材的"位置"属性与"缩放"属性，如图 4.100 所示。

图 4.100　调整素材的位置与缩放参数

（9）选中时间线面板中"视频 3"轨道上的"花瓣-mask.jpg"素材，打开"效果控件"面板，展开"透明度"选项，把不透明度属性的值设置为默认状态的"100%"，如图 4.101 所示。

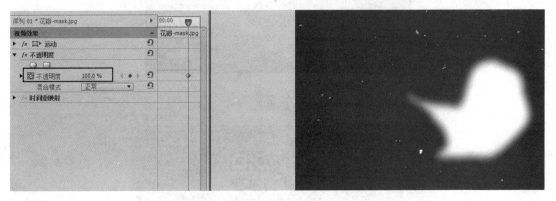

图 4.101　调整为默认值

（10）选中时间线面板中"视频 2"轨道上的"Internet Surfing On Couch.mp4"素材并右击，在弹出的快捷菜单中选择"嵌套"命令，嵌套素材，这样做的目的是防止素材偏位，打开"效果控件"面板，添加"轨道遮罩键"特效，将"遮罩"设置为"视频 3"，"合成方式"设置为"亮度遮罩"，如图 4.102 所示。

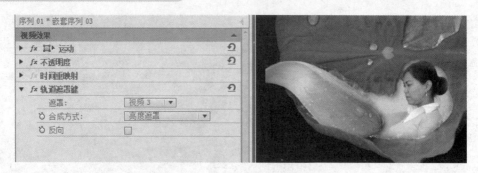

图 4.102 添加轨道遮罩键

知识点提示：

轨道遮罩键："遮罩"下拉列表中列出了包含可以用做遮罩素材的视频轨道，从其中选择一项。

合成方式：从下拉列表中选择"Alpha 遮罩"选项，可以根据其 Alpha 通道设置遮罩透明度；选择"Luma"选项，根据遮罩的明亮度或亮度设置透明度。

反向：使背景和前景素材的顺序反向。

（11）选中时间线面板中的嵌套素材"嵌套序列 01"，打开"效果控件"面板，展开"运动"选项，激活不透明度属性关键帧码表，在 1 秒 0 帧、4 秒 12 帧的位置处设置为 100%，在 02 秒 14 帧、6 秒 12 帧处设置为 0%。最终效果如图 4.103 所示。

图 4.103 最终效果

本章小结

本章先对关键帧动画进行了原理上的阐述，又通过了3个案例由浅入深地讲解了关键帧动画的应用技巧，再将常用特效的知识点融入到案例中，通过5个案例介绍了常用特效的用法，这5个案例的难度由小到大，综合性由弱到强，便于读者理解与消化，做到学以致用。

课后拓展练习

1. 参考"神奇的九寨"，通过关键帧动画制作"夕阳更红"动画。

图 4.104 "夕阳更红"动画

2. 图文转场制作思路：①调整图片大小和持续时间；②建立字幕文件；③图片嵌套后应用轨道遮罩键；④制作文字动画（注意控制速度）；⑤应用交叉溶解转场。

图 4.105　图文转场

第5章

字幕

教学目标与要点：

❖ 认识字幕编辑窗口与界面。

❖ 熟悉字幕编辑器的基本用法。

❖ 掌握常用图形绘制技巧。

❖ 掌握滚动字幕设置方法。

❖ 掌握字幕动画制作技巧。

字幕是影片的重要组成部分，可以起到提示人物和地点名称的作用，并可以作为片头的标题和片尾的滚动字幕。使用 Premiere Pro 的"字幕编辑器"功能可以创建专业级字幕。在"字幕编辑器"中，可以使用系统中安装的任何字体创建字幕，并可以置入图形或图像作为 LOGO。此外，使用"字幕编辑器"内置的各种工具可以绘制一些简单的图形。

5.1 创建字幕

5.1.1 字幕编辑器界面

"字幕编辑器"是 Premiere Pro 中生成字幕的主要工具，集成了包括字幕工具面板、字幕主面板、字幕属性面板、字幕动作面板和字幕样式面板等在内的面板，其中字幕主面板提供了主要的绘制区域，如图 5.1 所示。

当字幕被保存之后，会自动添加到项目面板的当前文件夹中，并作为项目的一部分被保存起来。可以将字幕输出为独立的文件，并可以随时导入。

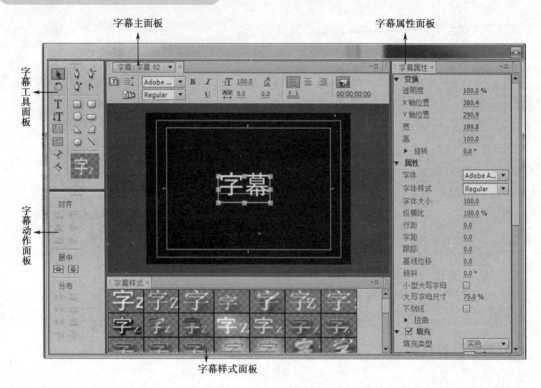

图 5.1 "字幕编辑器"面板

知识点提示：

在 Premiere Pro 2.0 版本之前，其将所有字幕存储为独立的文件，可以像导入其他素材那样将其导入。当项目被保存时，字幕同时被保存。

5.1.2 创建新字幕

以下方法均可以新建一个字幕：选择"文件"→"新建"→"字幕"命令或按快捷键 Ctrl+t；选择"字幕"→"新建字幕"命令，并选择一种字幕类型；在项目面板下方单击"新建"按钮 ，并选择"字幕"命令。在随后弹出的"新建字幕"对话框中设置字幕的规格并输入名称，单击"确定"按钮，如图 5.2 所示。

图 5.2 "新建字幕"对话框

在"字幕编辑器"面板中，可以使用各种文本工具和绘图工具创建字幕内容。创建完成后，关闭"字幕编辑器"面板，在保存项目的同时，字幕将作为项目的一部分被保存起来，并同其他类型的素材一样出现在项目面板中。

选择项目面板中的字幕并双击，再次打开"字幕编辑器"面板，可以对字幕进行必要的修改。

在"字幕编辑器"面板的顶部单击"新建"按钮 ，可以基于当前的字幕创建一个新字幕，并切换到新字幕进行编辑。

知识点提示：

"字幕编辑器"面板的顶部有一个字幕切换下拉列表，可以对当前编辑字幕进行切换。

选择"文件"→"输出"→"字幕"命令，可以将字幕输出为独立于项目的字幕文件，文件扩展名为.prtl。可以像导入其他素材一样，随需要导入。

5.1.3 使用字幕模板

Premiere Pro 内置了大量的字幕模板，可以更快捷地设计字幕，以满足各种影片或电视节目的制作需求。字幕中可能包含图片和文本，可以根据节目制作的实际需求对其中的元素进行修改。还可以将自制的字幕存储为模板，随需调用，从而大大提高工作效率。通过 Adobe 资源中心，还可以在线下载所需的字幕模板。

知识点提示：

如果要在系统间共享字幕模板，必须保证每个系统中都包含其中所有的字体、纹理、LOGO和图片。

选择"字幕"→"新建字幕"→"基于模板"命令，或在"字幕编辑器"面板处于打开状态下选择"字幕"→"模板"命令，还可以单击"字幕编辑器"面板顶部的"模板"按钮 ，弹出"模板"对话框。在"模板"对话框中选择所需的模板类型，右侧会出现此字幕模板的缩略图，如图 5.3 所示。单击"确定"按钮即可将模板添加到绘制区域中。

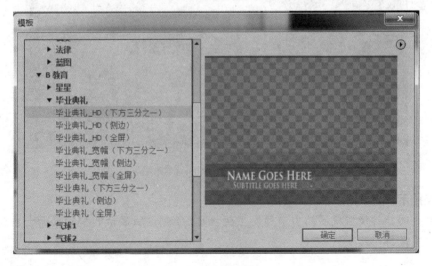

图 5.3 基于模板新建字幕

在"模板"对话框的弹出式菜单中，选择"导入当前字幕为模板"命令，可以将当前字幕存储为模板，以便以后再次使用。

5.2　编辑字幕的基本方法

　　Premiere Pro 内置的"字幕编辑器"提供了丰富的字幕编辑工具与功能，是当前最好的字幕制作工具之一，可以满足制作各种字幕的需求。

5.2.1　显示字幕背景画面

　　在"字幕编辑器"面板中，可以把绘制区域显示时间线上素材的某一帧作为创建叠印字幕的参照，以便精确地调整字幕的位置、色彩、不透明度和阴影等属性。

　　单击"字幕编辑器"面板上方的"显示背景视频"按钮 ，时间指针所在当前帧的画面便会出现在面板的绘制区域中，作为背景显示。用鼠标拖动面板上方的时间码，或单击输入的新的时间码，面板中显示的画面会随时间码的变化而显示相应帧，如图 5.4 所示。

图 5.4　显示画面背景

知识点提示：

　　当移动时间指针使监视器的当前帧发生变化时，绘制区域显示的视频画面会自动与时间指针所在的位置保持一致。

5.2.2　字幕安全区域与动作安全区域

　　由于电视溢出扫描的技术原因，在计算机中制作的图像有一小部分可能在输出到电视中时会被删除。字幕安全区域和动作安全区域是信号输出到电视时安全可视的部分，是一种参照。

在"字幕编辑器"面板的绘制区域，内部的白色线框是字幕安全区域，所有的字幕应该尽量放到字幕安全区域以内；外面的白色线框是动作安全区域，视频画面中的其他重要元素应该放在其中。在制作字幕时，可以通过选择"字幕"→"视图"→"安全字幕边距"和"字幕"→"视图"→"安全动作边距"命令来决定是否显示安全区域。另外，在"字幕编辑器"面板的弹出式菜单中也有相应选项，如图5.5所示。

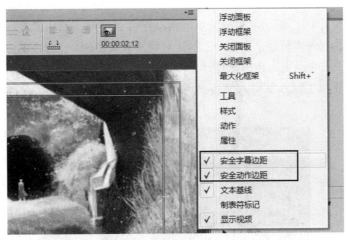

图5.5　显示"安全字幕边距"与"安全动作边距"

安全区域的设置仅仅是一种参考，可以根据使用设备的特点更改安全区域的范围。选择"文件"→"项目设置"→"常规"命令，弹出"项目设置"对话框，在"动作与字幕安全区域"选择项组中设置新的数值后，单击"确定"按钮即可，如图5.6所示。

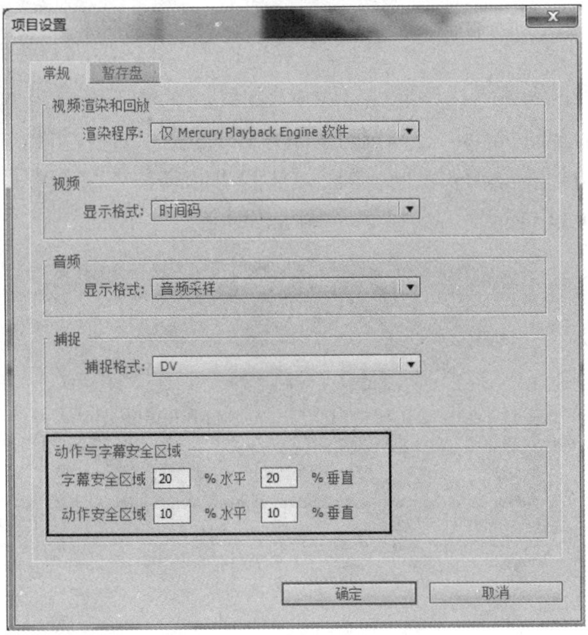

图5.6　"项目设置"对话框

知识点提示：

如果制作的节目是用于网络发布的视频流媒体或使用数字介质播出，则无需考虑安全区域，因为输出到此类载体时，不会发生画面残缺的现象。

5.3 滚动字幕与游动字幕

根据滚动的方向不同，滚动字幕分为纵向滚动字幕和横向滚动字幕。

（1）选择"字幕"→"新建字幕"→"默认滚动字幕"命令，在弹出的"新建字幕"对话框中输入字幕名称，单击"确定"按钮，打开"字幕编辑器"面板，并自动设置为纵向滚动字幕。

（2）使用文字工具**T**输入演职人员名单，插入赞助商的LOGO，输入其他相关内容，如图5.7所示。

图5.7　设置"演职表"

知识点提示：

在名单部分的职务、人名及LOGO之间按Tab键，以便下面使用制表符进行排版操作。

（3）为文字设置合适的字体和大小，使用面板上方的文字对齐功能，并通过选择"字幕"→"制表位"命令，或单击"字幕编辑器"面板顶部的"制表符"按钮，弹出"制表符设置"对话框，对文字和LOGO进行对齐定位，如图5.8所示。

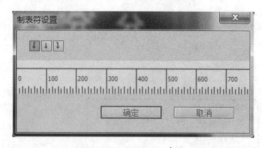

图5.8　"制表符设置"对话框

知识点提示：

选择"字幕"→"视图"→"制表符标记"命令，可以显示制表符对齐标记，以便于操作。

（4）使用对齐与分布命令或手动将字幕中的各个元素放置到合适的位置，如图 5.9 所示。

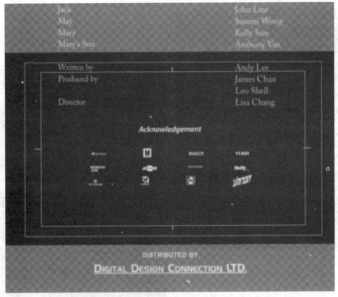

图 5.9 调整元素相关位置

知识点提示：

此时应显示安全区域，以检测滚动字幕的位置是否合理。

（5）选择"字幕"→"滚动/游动选项"命令或单击"字幕编辑器"面板上方的相应按钮 ，弹出"滚动/游动选项"对话框。在对话框中勾选"开始于屏幕外"和"结束于屏幕外"复选框，使字幕从屏幕外滚动进入，并在结束时完全滚动出屏幕。设置完成后，单击"确定"按钮即可，如图 5.10 所示。

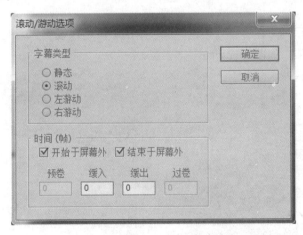

图 5.10 "滚动/游动选项"对话框

知识点提示：

可以在"缓入"和"缓出"中分别设置字幕由静止状态加速到正常速度的帧数，以及字幕由正常速度减速到静止状态的帧数，从而达到平滑字幕的运动效果。

（6）将字幕保存后，拖动到时间线面板中的相应位置，预览其播放速度，并调整其持续时间，完成最终效果，如图 5.11 所示。

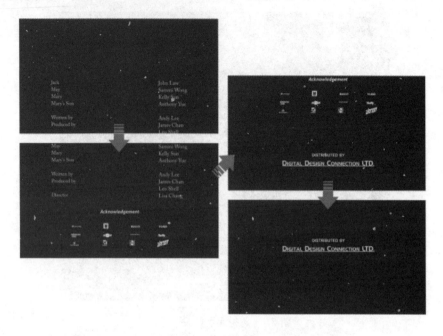

图 5.11　预览效果并做细微调整

5.4　字幕案例

5.4.1　图形绘制

（1）新建项目与序列，在"序列预设"选项卡的"可用预设"列表框中选择 DV-PAL 下面的"标准 48kHz"选项，如图 5.12 所示。

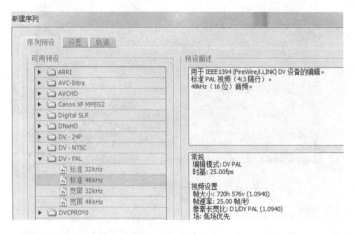

图 5.12　新建序列

（2）在项目面板的空白处右击，在弹出的快捷菜单中选择"新建项目"→"字幕"命令，弹出"新建字幕"对话框，如图 5.13 所示。

图 5.13 "新建字幕"对话框

（3）设置完成后，单击"确定"按钮，打开"字幕编辑器"面板。选择椭圆工具在字幕窗口中绘制一个正圆，并设置其相关属性参数，将"外描边"中的第一个"大小"设置为"7.0"，将第二个"大小"设置为"3.0"，如图 5.14 所示。

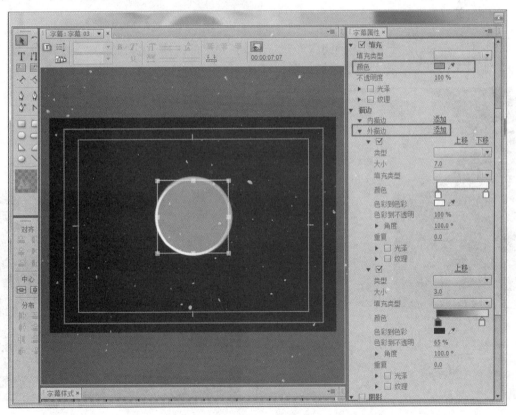

图 5.14 绘制椭圆图形

（4）绘制完成后，在其上方复制一个正圆，并设置相关属性参数，勾选"阴影"复选框，将"不透明度"设置为"44%"，"距离"设置为"12.0"，"大小"设置为"3.0"，"扩展"设置为"71.0"，如图 5.15 所示。

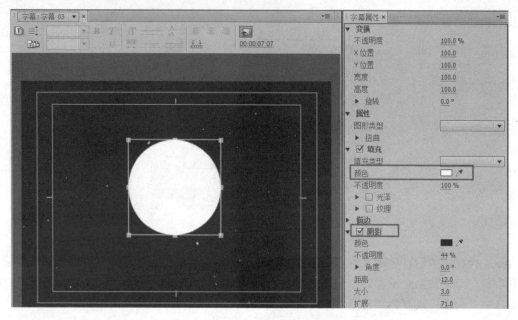

图 5.15　绘制正圆

（5）绘制完成后，选中白色椭圆图形并右击，在弹出的快捷菜单中选择"排列"→"后移"命令，如图 5.16 所示。排列后的效果如图 5.17 所示。

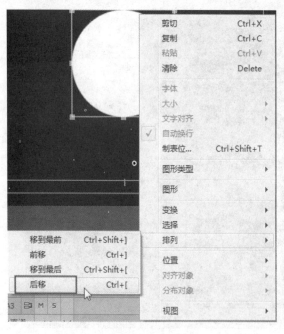

图 5.16　排列前后位置

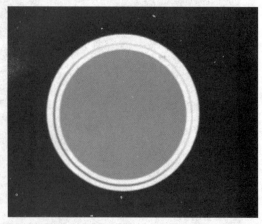

图 5.17　排列后的效果

（6）框选两个正圆，按住 Alt 键的同时，往外圈拖动，拖动一圈，并分别调整其缩放属性，如图 5.18 所示。

（7）分别调整每个外圆的内部填充颜色，如图 5.19 所示。

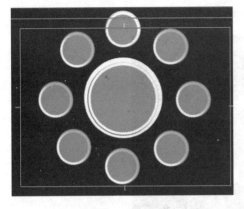
图 5.18　复制图形

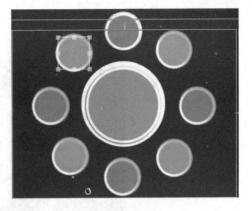
图 5.19　调整填充颜色

（8）调整完成后，选择"直线工具"，在中间的内圆中绘制一条横向直线与一条纵向直线，如图 5.20 所示。

（9）选择"钢笔工具"，在两条直线的末端分别绘制一个箭头，效果如图 5.22 所示。

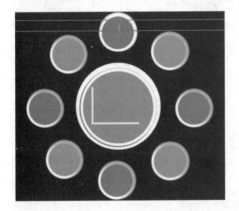
图 5.20　绘制直线

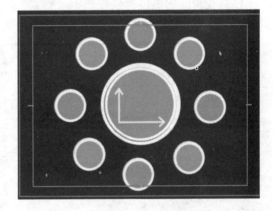
图 5.21　绘制箭头

（10）选择"矩形工具"，在直线上方分别绘制 4 个高度不一的矩形长条，如图 5.22 所示。

（11）选择"矩形工具"，在画面中绘制两个矩形长条，并分别调整其至合适的位置与大小。选择"楔形工具"，在矩形长条末端绘制两个小三角图形，使其组成箭头形状，如图 5.23 所示。

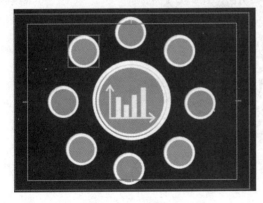
图 5.22　绘制矩形长条

图 5.23　绘制矩形长条与箭头

（12）选择"文字工具"，分别在每一个外圆的内部绘制数字序号，效果如图 5.24 所示。

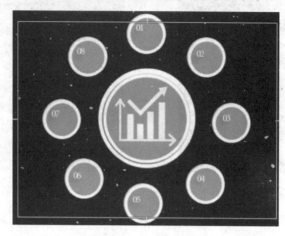

图 5.24　绘制数字序号

（13）在画面的黑色背景中选中"背景"层，并在右侧的"属性"面板中设置其填充色，将"填充类型"设置为"线性渐变"，将"角度"设置为"242.0°"，如图 5.25 所示。

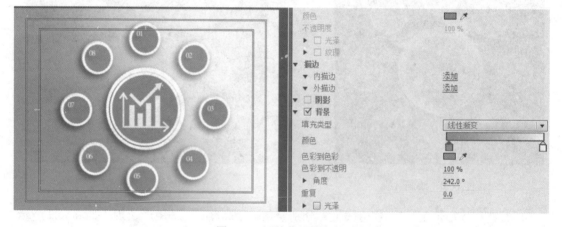

图 5.25　调整背景填充色

5.4.2 文字雨

（1）新建项目与序列，在"序列预设"选项卡的"可用预设"列表框中选择 DV-PAL 下面的"标准 48kHz"选项，如图 5.26 所示。

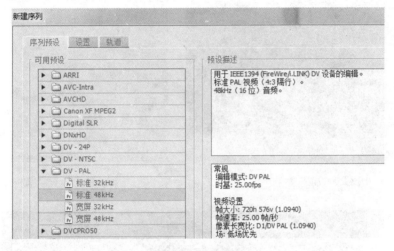

图 5.26 新建序列

（2）在项目面板的空白处右击，在弹出的快捷菜单中选择"新建项目"→"字幕"命令，弹出"新建字幕"对话框，如图 5.27 所示。

（3）在"字幕编辑器"面板中，选择"垂直区域文字工具"，并在画面中绘制一个垂直文本区域，如图 5.28 所示。

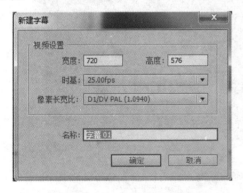

图 5.27 "新建字幕"对话框

图 5.28 建立垂直文本区域

（4）选择"垂直文字工具"，在画面中的"垂直区域文字"文本框中输入任意字，如图 5.29 所示。

（5）输入完成后，选择"滚动/游动选项"命令，设置"字幕类型"为"滚动"，勾选"结束于屏幕外"复选框，设置"缓入"为"0"，设置"缓出"为"0"，如图 5.30 所示。

（6）设置完成后，关闭"字幕编辑器"面板。在项目面板中选中刚刚建立的"字幕 01"素材，并拖动至时间线面板中的"视频 1"轨道上，如图 5.31 所示。

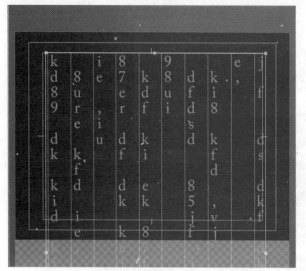

图 5.29 输入文字

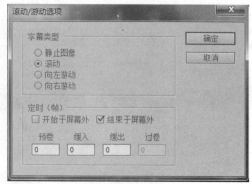

图 5.30 设置字幕相关参数

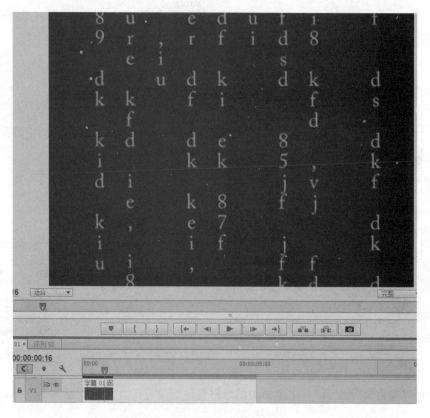

图 5.31 导入字幕文件

　　（7）把时间指针放置在"0秒0帧"位置，选中时间线面板中"视频1"轨道上的"字幕01"素材，打开"效果控件"面板，展开"不透明度"选项，设置一系列不透明度属性的关键帧，如图5.32所示。

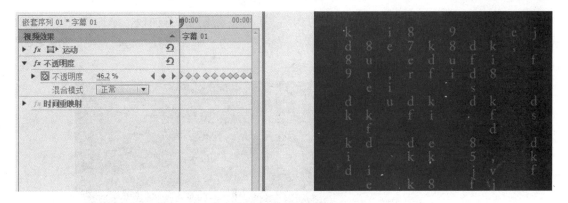

图 5.32 创建"不透明度"关键帧

（8）选中时间线面板中的"字幕 01"素材，按住 Alt 键的同时向上拖动，在"视频 2"轨道上复制一份，并重命名为"字幕 02"，如图 5.33 所示。

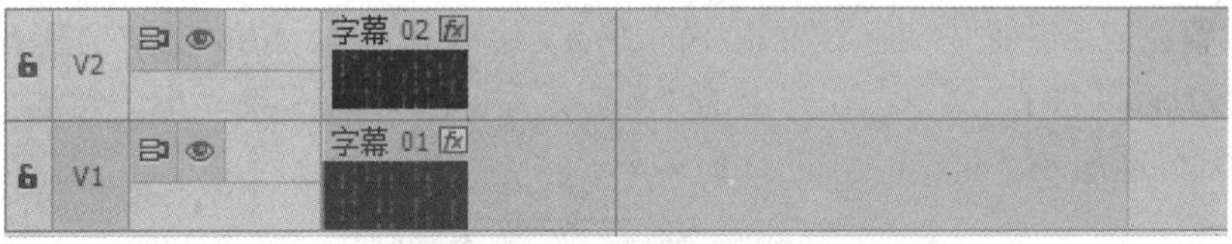

图 5.33 复制素材

（9）选中时间线面板中"视频 2"轨道上的"字幕 01"素材，打开"效果控件"面板，展开"不透明度"选项，在"不透明度"属性上建立一系列关键帧，如图 5.34 所示。

图 5.34 设置一系列关键帧的数值

（10）设置完成后框选时间线面板中的两段素材并右击，在弹出的快捷菜单中选择"嵌套"命令，完成序列的嵌套，如图 5.35 所示。

图 5.35 嵌套序列

（11）选中时间线面板中的"嵌套序列 01"，打开"效果控件"面板，添加"残影"特效，设置"残影时间（秒）"为"0.100"，设置"残影数量"为"6"，设置"起始强度"为"1.00"，设置"衰减"为"0.60"，如图 5.36 所示。

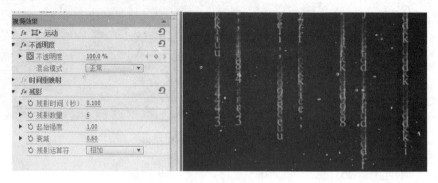

图 5.36　添加"残影"特效

（12）设置完成后，选中时间线面板中的"嵌套序列 01"素材并右击，在弹出的快捷菜单中选择"速度/持续时间"命令，在弹出的"剪辑速度/持续时间"对话框中勾选"倒放速度"复选框，如图 5.37 所示。

图 5.37　设置倒放速度

5.4.3　字幕动画

（1）新建项目与序列，在"序列预设"选项卡的"可用预设"列表框中选择 DV-PAL 下面

"标准 48kHz"选项，如图 5.38 所示。

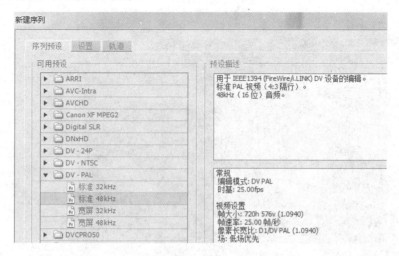

图 5.38　新建序列

（2）在项目面板的空白处双击，导入"素材与效果\第 5
章\字幕动画\素材"的图片素材，如图 5.39 所示。

（3）在项目面板的空白处右击，在弹出的快捷菜单中选择
"新建项目"→"字幕"命令，命名为"字幕 01"。在"字幕编
辑器"面板中绘制一个矩形，如图 5.40 所示。

（4）选择"文字工具"，在矩形上方输入"节目预告"4
个字。设置"字体系列"为"微软雅黑"，"字体样式"为"Regular"，
"字体大小"为"45.0"，勾选"填充"与"阴影"复项框，如
图 5.41 所示。

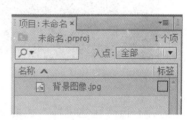

图 5.39　导入案例素材

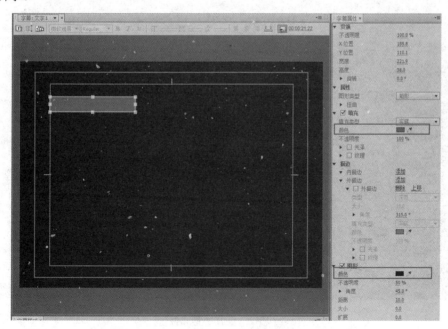

图 5.40　绘制矩形

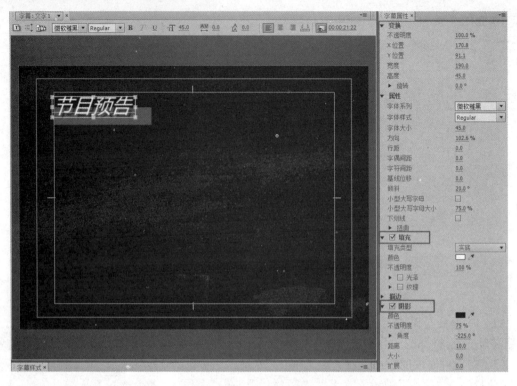

图 5.41　设置文字参数

（5）再次新建字幕"字幕 02"，输入"NEXT"，并调整相关属性，勾选"填充"复选框，"填充类型"设置为"实底"，"不透明度"设置为"100.0%"，如图 5.42 所示。

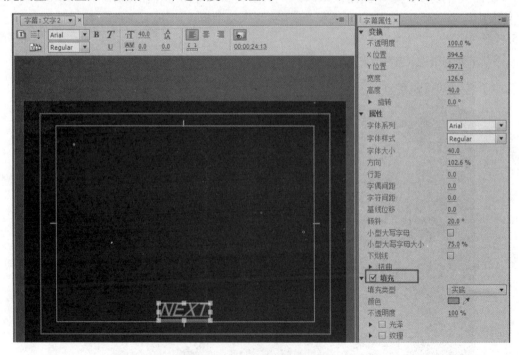

图 5.42　设置字幕属性

（6）选择"楔形工具"在画面中绘制一个三角形，并调整它的"位置"属性与"扭曲"属性，将"扭曲"中的"X"设置为"0.0%"，"Y"设置为"100.0%"，将"填充"中的"填充类型"设置为"实底"，如图 5.43 所示。

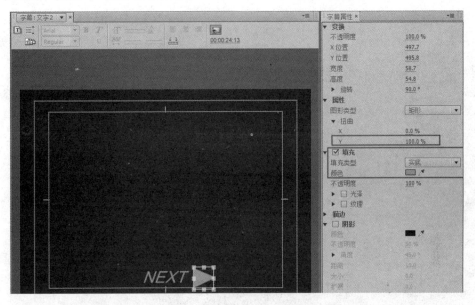

图 5.43　绘制等腰三角形

（7）新建"字幕 03"，在打开的"字幕编辑器"面板中选择"椭圆工具"，在画面中绘制一个正圆，如图 5.44 所示。

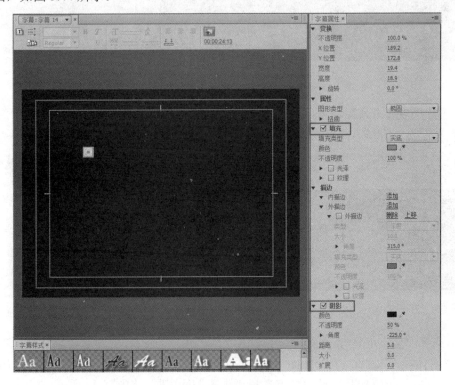

图 5.44　绘制正圆

（8）选择"文字工具"，在画面中输入"6:05"，勾选"填充"与"阴影"复选框，将"填充"中的"填充类型"设置为"实底"，"不透明度"设置为"100.0%"；将"阴影"中的"不透明度"设置为"50%"，"角度"设置为"–225.0°"，如图 5.45 所示。

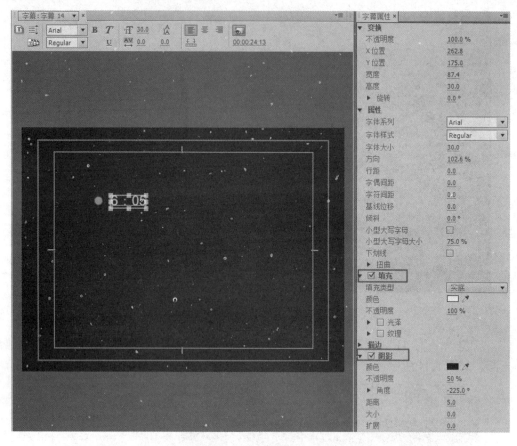

图 5.45　输入数字

（9）选择"矩形工具"，在画面中绘制一个矩形，将变换中的"X 位置"设置为"454.8"，"Y 位置"设置为"179.9"，"宽度"设置为"221.0"，"高度"设置为"22.0"，如图 5.46 所示。

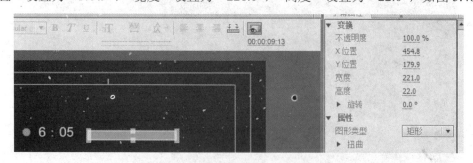

图 5.46　绘制矩形

（10）选择"文字工具"，在矩形上方输入文字"焦点访谈"，并设置"字体系列"为"华文新魏"，"字体样式"设置为"Regular"，"字体大小"设置为"35.0"，"方向"设置为"102.6%"，"字符间距"设置为"7.0"，勾选"填充"与"阴影"复选框，如图 5.47 所示。

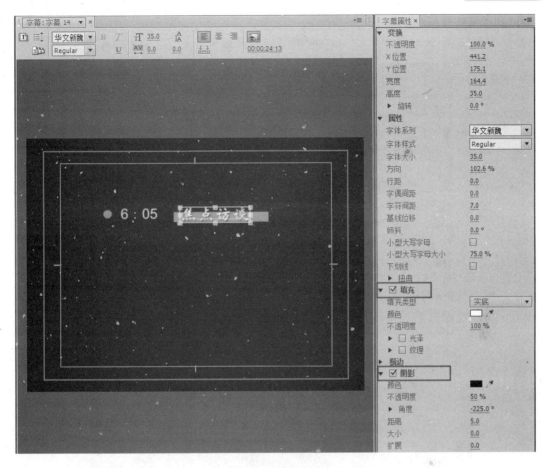

图 5.47　输入文字

（11）框选画面中的所有素材，按住 Alt 键的同时向下拖动，一共复制 4 组，并分别修改为如图 5.48 所示的文字内容。

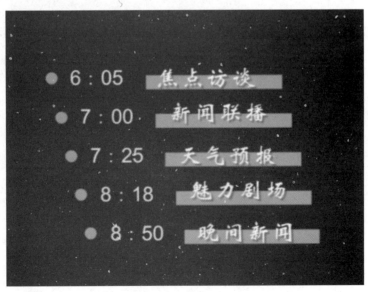

图 5.48　复制字幕

（12）在项目面板中选中"背景图片.jpg"素材，并拖动至时间线面板中的"视频 1"轨道上，设置出点至"7 秒 21 帧"，为其头部添加"交叉溶解"过渡，如图 5.49 所示。

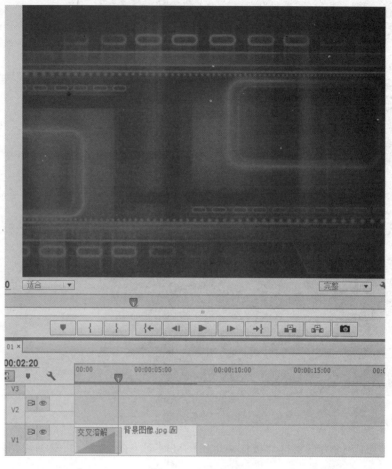

图 5.49　导入素材

（13）分别把项目面板中的"字幕 01"、"字幕 02"、"字幕 03"拖动至时间线面板中，分别设置其入点、出点，并适当调整位置，如图 5.50 和图 5.51 所示。

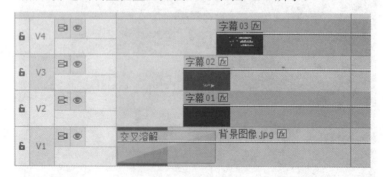

图 5.50　时间线面板

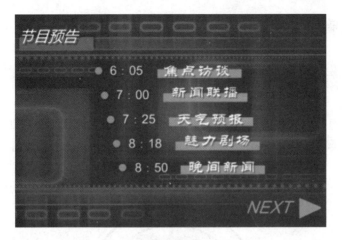

图 5.51 字幕分布

（14）打开"效果控件"面板，将"划出"过渡添加到时间线面板中"字幕01"、"字幕02"的头部位置，将"渐变擦除"过渡添加到"字幕03"的头部，如图 5.52 所示。

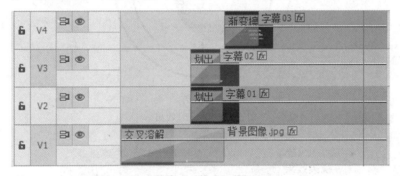

图 5.52 添加划出过渡

本章小结

本章先对字幕编辑器的界面与常用选项进行了有针对性的介绍，然后通过 3 个案例对字幕编辑器最常用的选项、功能、面板进行了比较综合的应用，使读者懂得如何运用功能强大的字幕编辑器来设计字幕、制作字幕动画。

课后拓展练习

制作思路：①通过填充和描边制作立体字效果；②画出立体字后面的直线、圆形、矩形等背景；③通过"基于模板创建字幕"快速制作其他立体字效果；④应用"时钟式擦除"过渡实现最后的合成。

图 5.53　倒计时效果

第6章

音频剪辑

教学目标与要点：

❖ 熟悉音频编辑的基本概念。

❖ 掌握声道的基本操作。

❖ 掌握音量调整的方法。

❖ 掌握录音技术。

❖ 掌握常用音频特效的用法。

6.1 Premiere Pro 中的音频混合

在 Premiere Pro 中，可以编辑音频、施加音效和多轨混音。轨道中可以包含各种声道形式。序列中包含普通音频轨道和子混音轨道。普通音频轨道中含有实际的音频信息，通过子混音轨道，进行分组混音，统一调整音频效果。每个序列都会包含一个主音频轨道，相当于调音台的主输出，它汇集了所有音频轨道的信号，重新分配输出。

按声道组合形式的不同，音频可以分为单声道、立体声和 5.1 环绕声 3 种类型。无论是普通音频轨道或子混音轨道，还是主音频轨道，均可以设置为这种声道组合形式。可以随时增加或删除音频轨道，但无法改变已经建立的音频轨道的声道数量。素材片段中的音频、音效与音频轨道的类型必须匹配。

在制作影片的音频前，应根据个人技术水平、设备条件及项目的要求，制定一套合理的音频混合流程。在音频混合过程中，可以分别对轨道和素材进行独立的编辑操作，最终将其进行混合输出，完成最终的音频效果。

知识点提示：

普通音频轨道、子混音轨道和主音频轨道是按照轨道在混音流程中的作用划分的，而单声道轨道、立体声轨道和 5.1 环绕声轨道是按照轨道的声道组合形式划分的。轨道和声道是两个不同的概念，操作时应注意体会。

6.1.1 音频剪辑混合器面板

除了使用时间线面板编辑与调整素材之外，Premiere Pro 还提供了强大的音频混合器面板，以便对多轨音频进行实时混合。面板中基本包含轨道区域、控制区域和播放区域，如图 6.1 所示。

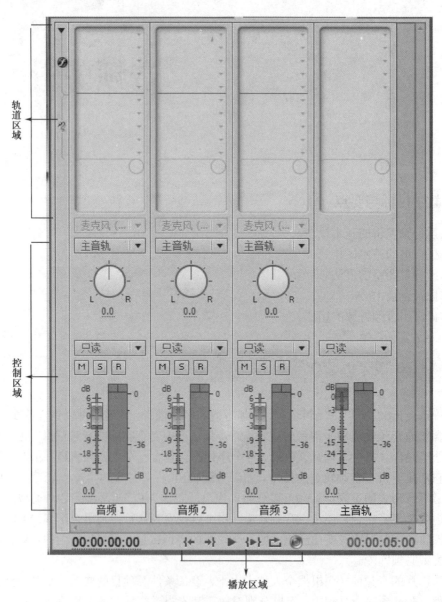

图 6.1　音频剪辑混合器面板

音频混合器面板的轨道区域主要用于显示时间码和轨道名称，还可以用于设置效果和发送等。

默认状态下，音频混合器面板的控制区域中显示所有音频轨道和主控轨道的音量滑块和

UV 标尺，以调节音量，并监视输出信号的强弱。此外，还可以在此区域中进行声相平衡控制，以及设置输入和输出轨道等选项。

音频混合器面板底部的播放区域用于在音频合成过程中控制预览播放，与节目监视器中的各个按钮不仅功能相同，且除了录音按钮外，全部联动。

在音频混合器面板中，可以边监听音频、监视视频，边调节设置。每个音频混合器中的轨道与时间线面板当前序列中的音频轨道是一一对应的。在音频混合器面板的顶部，每个音频轨道都显示名称或类别，可以双击普通音频轨道的名称，输入新的名称，以便重新命名。还可以使用音频混合器面板将音频直接录制到序列轨道上。

6.1.2 查看音频波形

在 Premiere Pro 中，可以在编辑混合音频时查看音频波形，以作为参考。波形反映的是声音振幅的变化，越宽广的部分，音频的音量越大。在时间线面板和源监视器中均可以查看音频素材或视频素材中音频部分的波形。

在时间线面板控制区域中，单击时间线旁边的"设置"按钮，在弹出式菜单中选择"显示音频波形"命令，如图 6.2 所示。

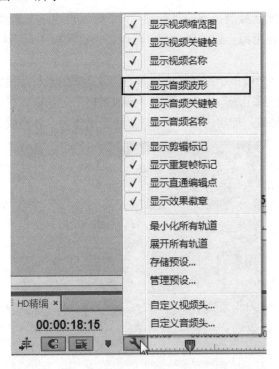

图 6.2 设置"显示音频波形"

如果想更为精确直观地预览波形，则可以使用源监视器。在项目面板或时间线面板中双击音频素材，在源监视器中将其打开，可以显示其音频波形。如果是视频素材，则在源监视器中将其打开后，在面板的弹出式菜单中选择"音频波形"命令，显示视频素材音频部分的波形；而选择"显示音频时间单位"命令，则在标尺上显示音频时间单位，如图 6.3 所示。

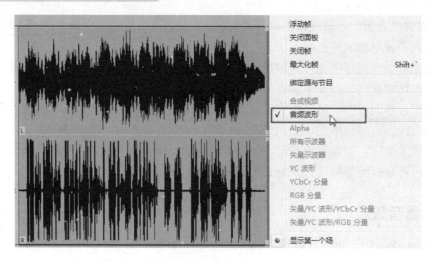

图 6.3　查看音频波形

6.1.3　声道映射

　　在添加素材到序列或在源监视器中进行预览时，可以自由定义素材片段中的音频映射到通道和音频轨道的方式。使用源声道映射功能，可以在项目面板中对素材片段施加映射，以对多个素材片段施加此功能。

　　在项目面板中选择一个或多个声道格式相同的包含音频的素材片段并右击，在弹出的快捷菜单中选择"修改"→"音频声道"命令，弹出"修改素材"对话框。在"音频声道"下拉列表中选择一种要映射的轨道格式，如单声道、立体声、单声道作为立体声或 5.1 声道，如图 6.4 所示。

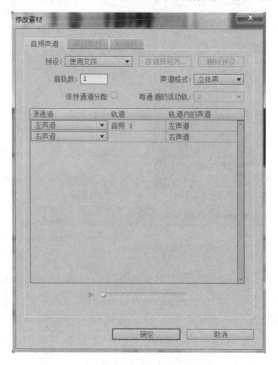

图 6.4　"修改素材"对话框

单击窗口下方的"播放"按钮，可以对所选轨道进行播放预览，单击"确定"按钮，即可对素材声道进行映射。

6.1.4 声道转换

在进行音频混合前，有时需要对素材进行声音转换，将其转换为所需的声道组合形式。

如果需要对一个多声道的素材片段的每个声道进行单独编辑操作，则可以对其进行声道分离，可以将项目面板中选中的多声道素材片段的每个声道转换为一个单声道素材片段。立体声一分为二，5.1 环绕声分为 6 个。如果源素材片段为包含视频和音频的影片素材，则视频被单独分开。

知识点提示：

素材片段的声道转换仅可以在项目面板中进行，而不会影响硬盘中的源文件。

6.1.5 声道操作案例

（1）新建序列，在"序列预设"选项卡的"可用预设"列表框中选择 DV-PAL 下面的"标准 48kHz"选项，如图 6.5 所示。

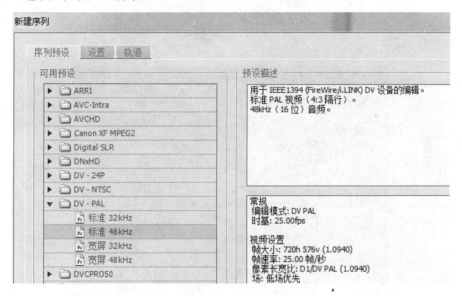

图 6.5 新建序列

（2）在项目面板的空白处双击，导入"素材与效果\第 6 章\声道操作\素材"中的音频素材，如图 6.6 所示。

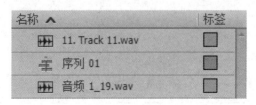

图 6.6 导入案例素材

（3）在项目面板中双击"11.Track 11.wav"音频素材，使其显示在源监视器中，如图 6.7 所示。选择"剪辑"→"修改"→"音频声道"命令，弹出"修改剪辑"对话框，将"右侧"的源声道设置为"无"，这样即可把这段立体声音频的右声道设置为静音，如图 6.8 所示。最终效果如图 6.9 所示。

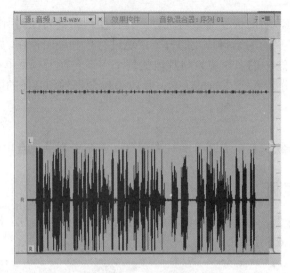

图 6.7　预览素材

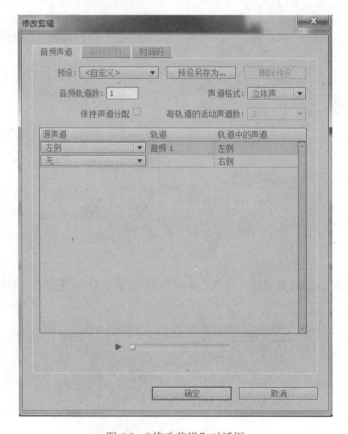

图 6.8　"修改剪辑"对话框

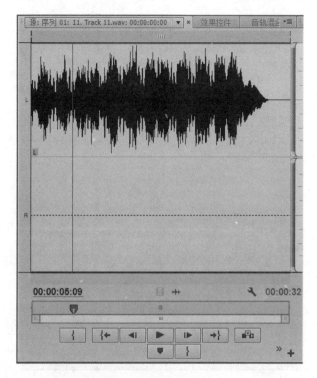

图 6.9 修改后的效果

（4）在项目面板中双击音频_1 素材，使其显示在源监视器中，如图 6.10 所示。选择"剪辑"→"修改"→"音频声道"命令，弹出"修改剪辑"对话框，将"左侧"的"源声道"设置为"无"，这样即可把这段立体声音频的左声道设置为静音，如图 6.11 所示。修改后的效果如图 6.12 所示。

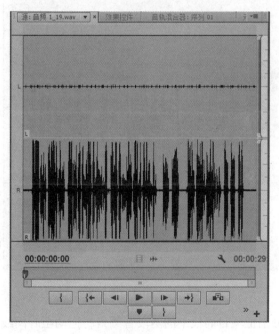

图 6.10 预览素材

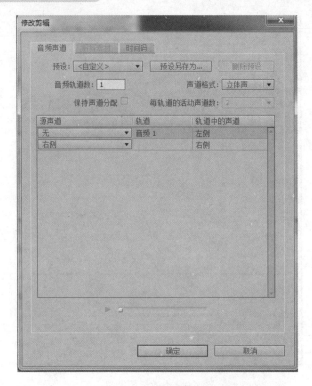

图 6.11　修改立体声声道

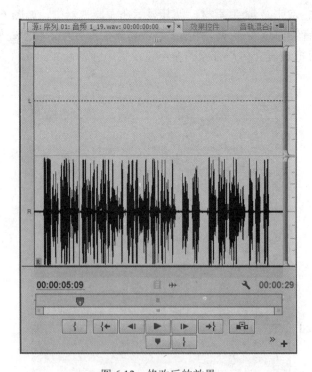

图 6.12　修改后的效果

（5）设置完成后，分别把项目面板中的两段音频素材拖动至时间线面板中音频轨道上，如图 6.13 所示。

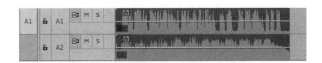

图 6.13　导入素材

视频效果

观看本案例视频效果
扫一扫二维码

6.2　调节音量和声像平衡

音量和声像平衡是视频、音频文件的两个比较基本的属性，在音频混合的过程中，经常需要进行调节和设置，可以在不同的面板中设置着两个属性。

6.2.1　调节增益和音量

增益通常与素材片段的输入音量有关，而音量通常与序列中的素材片段或轨道的输出音量有关。可以通过调节增益和音量的级别随需设置轨道或素材片段的音频信号。然而，在进行数字化采样时，如果素材片段的音频信号设置得太低，则在调节增益或音量进行放大处理后，会产生很多噪声。因此在进行数字化录音时，应该设置好硬件的输入级别。

可以使用音频增益命令为所选素材片段调节音频的增益级别。此命令在与音频混合器面板和时间线面板中进行的输出音量设置是相互独立的，但是它的音量与轨道音量级别一同被整合到最终的混音输出中。

可以在"效果控件"面板或时间线面板中对序列中的素材片段的音量进行调节。在"效果控件"面板中，设置音量的方法与设置其他效果的参数基本相同；而在时间线面板中，可以更为简单地进行设置。

在项目面板或时间线面板中选择一个素材片段，选择"剪辑"→"音频选项"→"音频增益"命令，弹出"音频增益"对话框。通过拖动数字或单击激活后输入的方式，调节增益的量，如图 6.14 所示。设置完成后，单击"确定"按钮，即可应用增益设置。

其中，每个选项的功能如下。

（1）将增益设置为：设置音量的绝对值。

（2）调整增益值：设置音频的相对增益。

（3）标准化最大峰值为：设置最高波峰的绝对值。

（4）标准化所有峰值为：设置匹配所有波峰的绝对值。

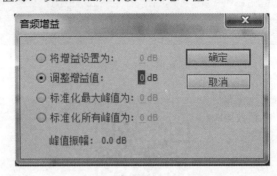

图 6.14 "音频增益" 对话框

展开音频轨道，在控制区域显示关键帧按钮 。选择"轨道关键帧"命令，显示轨道音量，可以对轨道的音频级别进行调整。使用"选择工具" 或"钢笔工具" 对素材片段上或轨道中的黄线向上或向下进行拖动，可以增加或减小音量，如图 6.15 所示。

图 6.15 调节轨道音量

知识点提示：

要使音量随时间变化，可以通过设置关键帧来实现。

除了在时间线面板中通过拖动的方式设置音量外，还可以在"效果控件"面板中精确控制音量。在序列中选择要调节音量的素材片段，在"效果控件"面板中，单击"音量"效果左侧的三角形标记 ，展开其属性设置。通过拖动"级别"属性数值或通过单击激活并输入新的数值，设置音量的增量；或者拖动其属性滑块，自由调节音量，如图 6.16 所示。

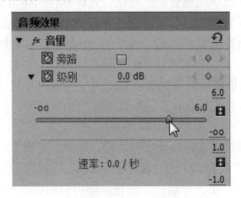

图 6.16 在"效果控件"面板中调节音量大小

在音频混合器面板中通过拖动音量滑块或设置数值，也可以调节每个轨道的音量级别，如图 6.17 所示。

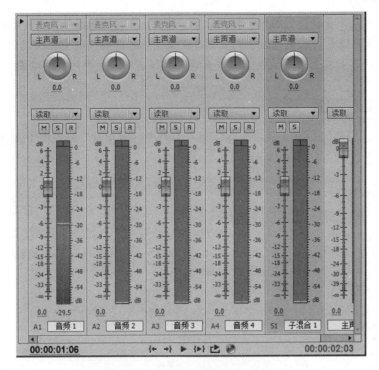

图 6.17　在音频混合器面板中调节音量大小

6.2.2　声像平衡

默认状态下，所有的音频轨道输出到序列的主控音频轨道上。由于各个轨道可能包含与主控音频轨道数目不同的声道（包括单声道、立体声和 5.1 环绕声），因此在从一个轨道向另一个声道数目不同的轨道进行输出前必须对声道之间的信号分配进行平衡控制。

声像指音频在声道间的移动。使用声像，可以在多声道音频轨道中对声道进行定位。平衡指在多声道音频轨道之间重新分配声道中的音频信号。

音频轨道中的声道数目和输出轨道声道数目之间的关系决定了是否可以使用轨道的声像或平衡选项。

（1）当输出一个单声道音轨到一个立体声或 5.1 环绕声音轨时，可以进行声像处理。

（2）当输出一个立体声音轨到一个立体声或 5.1 环绕声音轨时，可以进行平衡处理。

（3）当输出轨道中包含的声道数少于其他音频轨道时，Premiere Pro 会将其他轨道中的音频素材进行混音，输出为与输出轨道的声道数相同的声道。

（4）当一个音频轨道和输出轨道均为单声道或 5.1 环绕声轨道时，声像和平衡均不可用，轨道中的声道直接进行匹配。

音频混合器面板提供了声像和平衡控制。当一个单声道或立体声轨道输出到立体声轨道时，会出现一个圆形旋钮，旋转旋钮可以在输出音频的左右声道之间进行声像或平衡控制。当一个单声道或立体声轨道输出到 5.1 环绕声创建的二维音频场时，拖动其中的控制点，可以在 5 个扬声器之间进行声像或平衡控制。

知识点提示：

为了取得最好的声像和平衡调节的监听效果，必须确保计算机声卡的每一路输出都与监听音像正确连接，且监听音箱的空间位置摆放正确。另外，在时间线面板中，可以进行声像和平衡的调节设置，而且可以通过关键帧控制的方式，使设置效果随时间的变化而变化。但是在时间线面板中的设置方式不如在音频剪辑混合器中直观，故经常配合使用两者，以设置声像和平衡。

6.2.3　声音淡入淡出

（1）新建项目与序列，在"序列预设"选项卡的"可用预设"列表框中选择 DV-PAL 下面的"标准 48kHz"选项，如图 6.18 所示。

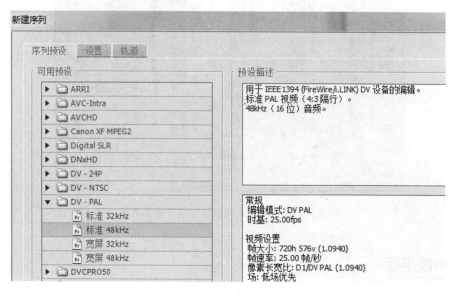

图 6.18　新建序列

（2）在项目面板的空白处双击，导入"素材与效果\第 6 章\声音淡入淡出\素材"中的素材，如图 6.19 所示。

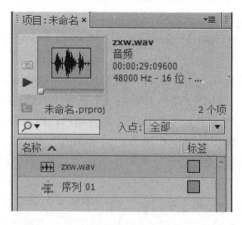

图 6.19　导入案例素材

（3）将项目面板中的"zxw.wav"素材拖动至时间线面板中的"音频 1"轨道上，如图 6.20 所示。

图 6.20　导入音频素材

（4）把时间指针放置在"0 秒 0 帧"的位置，选中时间线面板中的音频素材，单击音频轨道中的"添加关键帧"按钮，为音频素材建立一个关键帧，如图 6.21 所示。用同样的方法，分别在"3 秒 10 帧"、"24 秒 20 帧"、"27 秒 20 帧"位置处各添加一个关键帧，如图 6.22 所示。分别向下拖动第一个关键帧和最后一个关键帧，如图 6.23 所示。

图 6.21　建立素材关键帧

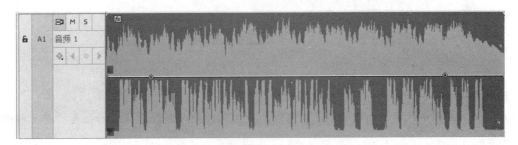

图 6.22　建立关键帧

图 6.23　调整关键帧

6.3　录音

在 Premiere Pro 中，可以通过麦克风将声音录入计算机并转化为可以编辑的数字音频，从而完成影片的配音工作。

（1）将麦克风与计算机的音频输入接口连接起来，打开麦克风。

（2）选择"窗口"→"音频混合器"命令，打开"音频混合器"面板，单击要进行录音的轨道，启用轨道录音按钮▣，如图 6.24 所示。

（3）单击"录音"按钮●，并单击"播放"按钮▶，如图 6.25 所示，开始录音。

图 6.24　启用录音按钮 　　　　　图 6.25　开始录音

知识点提示：

要在录制过程中预览时间线面板，则可以先把时间指针移到配音的起始位置的前几秒处再开始录音。

（4）录音完成后，单击"停止"按钮■，录制的音频文件以 WAV 的格式被保存到硬盘中，并出现在项目面板和时间线面板相应的音频轨道上，如图 6.26 所示。

知识点提示：

如果是复杂的配音及音频合成工作，则建议在 Audition 中进行。

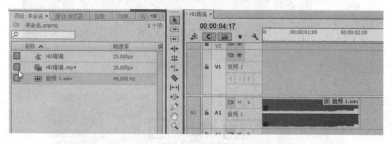

图 6.26　结束录制

6.4　音频特效

Premiere Pro 中内置了大量的 VST 音频插件效果，以修改或提高音频素材的某些属性。除了针对立体声设计的左声道、右声道和互换声道效果外，绝大多数效果支持单声道、立体声和

5.1 环绕声，并在"效果控件"面板的音频效果中以此进行分类。施加轨道音效时，也可以为音频轨道施加这些效果，但平衡、静音和音量效果除外，因为轨道的声像和音量可以在音频混合器面板的控制区域中，分别通过声像平衡控制旋钮和音量滑块进行调节。

6.4.1 降噪特效

1. Spectral NoiseReduction

可以通过 3 个滤波器消除音频信号中的噪声。在其自定义设置中，可以在混音器风格的控制面板中参照频谱，用旋钮控制每个参数，如图 6.27 所示。

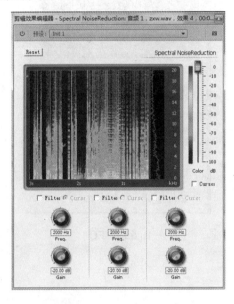

图 6.27 降噪特效（Spectral NoiseReduction）

2. DeNoiser

DeNoiser 可自动检测噪声并进行删除，经常用来消除模拟录音中产生的噪声，如磁带录音。在其自定义设置中，可以在混音器风格的控制面板中，用旋钮控制每个参数，如图 6.28 所示。

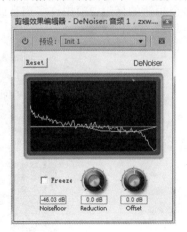

图 6.28 降噪特效（DeNoiser）

6.4.2　均衡特效

EQ 相当于一个参数均衡器，可以通过多频带控制频率、频带宽度和输出级别。在其自定义设置中，可以在混音器风格的控制面板中，用旋钮控制每个参数；还可以在其频谱视窗中，通过拖动控制柄的方式进行控制，如图 6.29 所示。

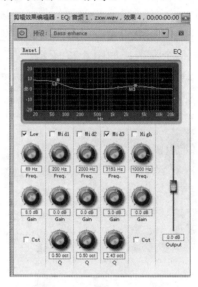

图 6.29　EQ

6.4.3　延时特效

1. 延迟

延迟特效可以使音频产生相加延迟的奇幻效果，可以设置音频产生回音的时间间隔，如图 6.30 所示。

2. 多功能延迟

多功能延迟可以通过添加多个短暂的延迟，模拟许多声音或乐器同时发声，而生成非常丰富而饱满的声音，如图 6.31 所示。

图 6.30　延迟特效　　　　　　　　　　图 6.31　多功能延迟

知识点提示：

级别用于设置回音产生的音量大小。

6.4.4 混响效果

混响效果可以为音频产生混响，以添加环境感，如模拟在房间中发生声音等。在其自定义设置中，可以在混音器风格的控制面板中，用旋钮控制每个参数；还可以通过操作图表进行控制，如图 6.32 所示。

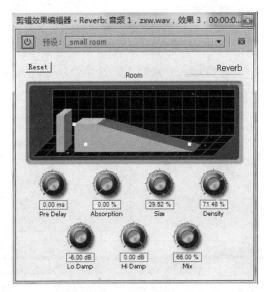

图 6.32 混响效果

（1）Pre Delay：预延迟。模拟声音撞击墙壁之后反弹采用的时间。

（2）Absorption：声音的吸收率。

（3）Size：空间的大小。空间越大，混响效果越明显。

（4）Density：密度，指回响的声音的密度。

（5）Lo Damp：低频阻尼。

（6）Hi Damp：高频阻尼。

（7）Mix：混合度，指回响效果与原始声音的混合度。

6.5 音频特效案例

6.5.1 回音效果

延迟特效在影视作品中经常用到，延迟特效的本质是在保持总音量不变的情况下，复制素材并偏移播放时间。下面利用延迟特效制作回音效果。

（1）在项目面板中导入"素材与效果\第 6 章\音频特效\Delay.wav"，并拖动至时间线面板中，在"效果"面板中找到"音频效果"→"延迟"特效，如图 6.33 所示。

图 6.33　"效果"面板

（2）将"延迟"特效拖动至"Delay"素材上，选中"Delay"素材，在"效果控件"面板中展开"延迟"特效，如图 6.34 所示。

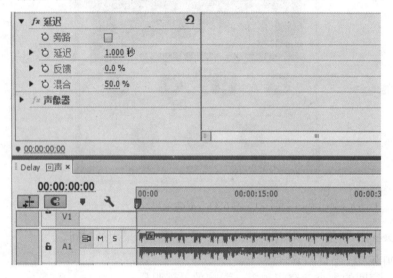

图 6.34　展开"延迟"特效

（3）修改"延迟"特效的参数，将"延迟"设置为"0.500 秒"，"反馈"设置为"50.0%"，"混合"设置为"30.0%"，至此，山谷回声效果制作完成，如图 6.35 所示。

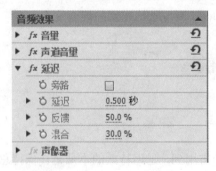

图 6.35　"延迟"参数的设置

6.5.2 混响效果制作

混响是声音在空间中反弹产生的震荡效果，混响一旦同语音同时录制下来，就无法再分离、清除了，很难再进行调整或加工。下面通过案例来模拟教堂或者礼堂的空间混响效果。

（1）在项目面板中导入"素材与效果\第 6 章\音频特效\Reverb.wav"，在"效果"面板中找到"音频效果"→"Reverb"特效，如图 6.36 所示。

图 6.36 "效果"面板

（2）将"Reverb.wav"素材拖动至时间线面板中，然后将"Reverb"特效拖动至时间线面板中的"Reverb.wav"素材上。选中"Reverb.wav"素材，在"效果控件"面板中，找到"Reverb"→"编辑"特效，打开剪辑效果编辑器窗口，如图 6.37 所示。

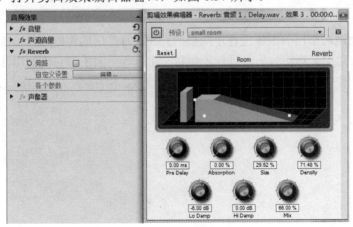

图 6.37 剪辑效果编辑器窗口

（3）将混响图形中的预设设置为"church"，如图 6.38 所示，即可模拟教堂的混响效果。

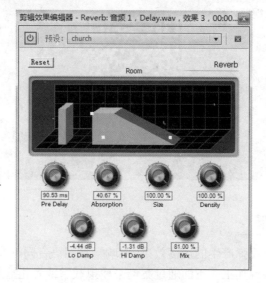

图 6.38　设置"church"预设

本章小结

　　本章有针对性地对常用的面板进行了简要的介绍，对常用的声道操作、音量操作等通过案例进行了叙述，对常用音频特效——进行了解释，让读者全面了解它们的用法，最后通过两个案例介绍了影视制作中最常用的延迟、混响音频等特效的用法。

>>>>>>

第7章

综合应用案例

教学目标与要点：

❖ 熟悉广告片头和栏目片头的制作流程。

❖ 掌握 Premiere Pro 中动画制作的技巧。

❖ 掌握常用特效与过渡的应用技巧。

❖ 熟悉 Photoshop、Maya、Premiere Pro 等多个软件工具协同制作栏目片头的思路与技巧。

7.1　手机广告片头

1. 制作流程

（1）新建项目，在项目面板中单击"新建"按钮 🔲，选择"序列"命令，在弹出的"新建序列"对话框中选择"设置"选项卡，设置"编辑模式"为"DV 24p"，"时基"为"23.976帧/秒"，"像素长宽比"为"D1/DV NTSC(0.9091)"，单击"确定"按钮，如图7.1所示。

（2）在项目面板的空白处双击，导入"素材与效果\第7章\手机广告片头\素材"中的素材，如图7.2所示。

（3）在项目面板中选中"7.jpg"素材，将其拖动至"视频1"轨道上，调整出点至"1秒05帧"位置，并为其添加"高斯模糊"效果。将时间指针放置在"0秒0帧"位置，调整"缩放"为"30.0"，"模糊度"为"0.0"；在12帧位置处设置缩放为50，"模糊度"设置为30；在14帧位置处设置"不透明度"为"100.0%"；在15帧位置处设置"不透明度"为"0.0%"；在16帧处设置处"不透明度"为"100.0%"，如图7.3所示。

知识点提示：

高斯模糊用于对图像进行模糊和柔化，并去除噪点；可以将模糊设置为横向、纵向或全部。

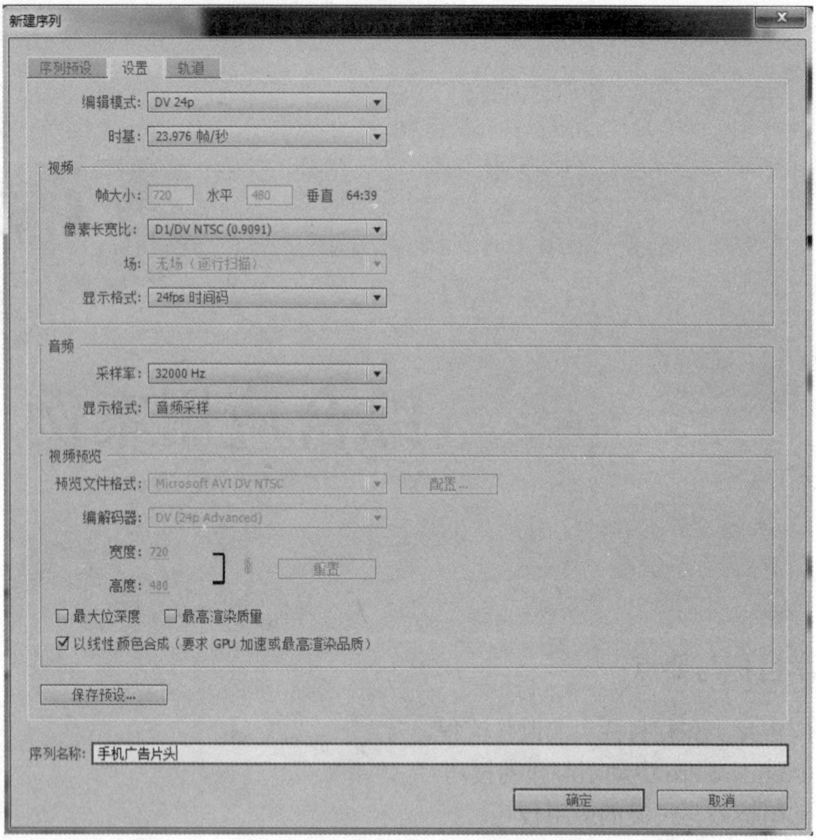

图 7.1　新建序列

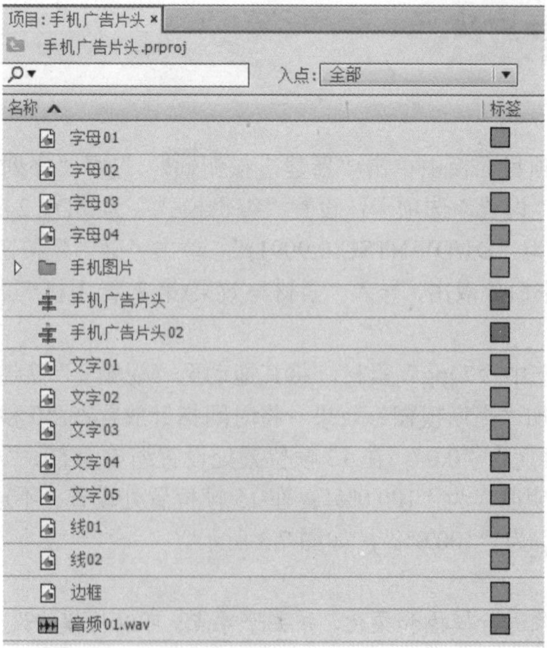

图 7.2　导入案例素材

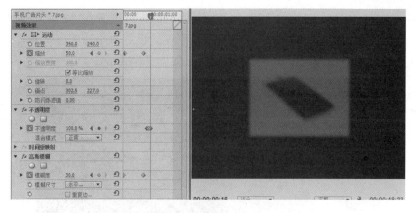

图 7.3 建立关键帧动画

（4）将时间指针放置在"14 帧"位置，将项目面板中"7.jpg"素材拖动至"视频 2"轨道上时间指针所在位置，调整出点至"1 秒 05 帧"，"缩放"设置为 50，并为该素材添加"亮度键"效果。设置"阈值"为"0.0%"，"屏蔽度"为"20.0%"，如图 7.4 所示。

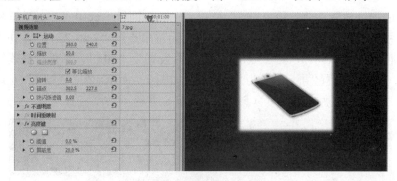

图 7.4 添加亮度键特效

（5）将时间指针放置在"1 秒 05 帧"位置，在项目面板中选中"3.jpg"素材，将其拖动至"视频 1"轨道上时间指针所在位置，调整出点至"2 秒 22 帧"，为其添加"高斯模糊"效果，在"1 秒 05 帧"位置激活"模糊度"前面的码表，设置模糊度为"0.0"，调整"3.jpg"位置为"510.0"、"330.0"，"缩放"为"60.0"；把时间指针放置在"1 秒 11 帧"位置，设置"模糊度"为"26.0"，如图 7.5 所示。

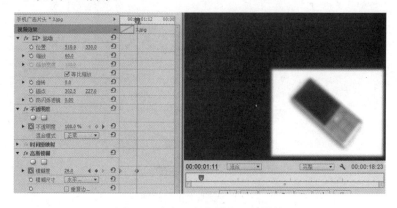

图 7.5 建立"高斯模糊"关键帧

（6）选中"视频1"轨道上的"3.jpg"素材，将时间指针放置在"2秒02帧"位置，激活"不透明度"属性前面的码表，在"2秒03帧"位置处设置"不透明度"为"0.0%"，在"2秒04帧"位置处设置"不透明度"为"100.0%"，如图7.6所示。

图 7.6　建立不透明度关键帧

（7）将时间指针放置在"2秒05帧"位置，在项目面板中选中"3.jpg"素材，拖动至时间线面板中"视频2"轨道上时间指针所在位置，调整出点至"2秒22帧"，在"效果控件"面板中调整"位置"为"481.0"、"298.0"，"缩放"设置为"60.0"，添加"亮度键"特效，设置"阈值"为"0.0%"，设置"屏蔽度"为"45.0%"，如图7.7所示。在"视频1"轨道上的"3.jpg"头部添加过渡"推"，过渡持续时间为5帧，如图7.8所示。

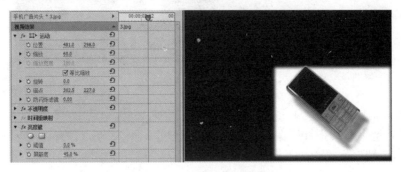

图 7.7　添加"亮度键"特效

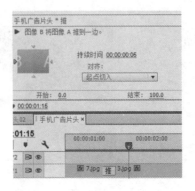

图 7.8　添加"推"过渡

知识点提示：

推（过渡）：后一段素材画面将前一段素材画面推出屏幕。

（8）在项目面板中选中"4.jpg"素材，将其拖动至"视频1"轨道中"3.jpg"的后面，将出点调整至"04秒15帧"位置，并在"3.jpg"和"4.jpg"之间添加"滑动框转场"，转场持续时间为5帧；分别将"5.jpg"、"1.jpg"相继拖动至"视频1"轨道，将"5.jpg"出点调整至"6秒21帧"，将"1.jpg"出点调整至"9秒03帧"，并在"4.jpg"与"5.jpg"、"5.jpg"与"1.jpg"之间分别添加"伸展进入"、"叠加溶解"转场，转场时间分别设置为5帧，如图7.9所示。

图7.9　在图片素材间添加转场

在"视频1"轨道中的"4.jpg"、"5.jpg"、"1.jpg"上添加"高斯模糊"特效，并在"模糊度"属性上建立关键帧，分别在3秒、5秒、7秒20帧位置处将"模糊度"设置为0，在3秒14帧、5秒19帧、7秒23帧位置处将"模糊度"设置为26，并在"4.jpg"图片上添加"裁剪"特效，将"顶部"和"底对齐"分别设置为"5%"，如图7.10所示。

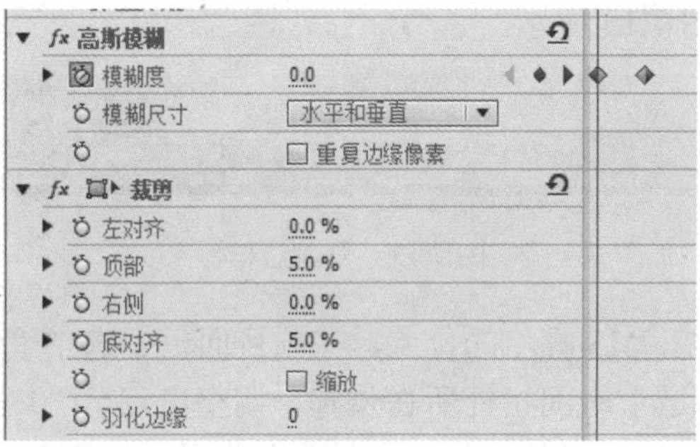

▼ fx 高斯模糊		
▶ 模糊度	0.0	◀ ◆ ▶ ◆ ◆
♢ 模糊尺寸	水平和垂直 ▼	
♢	□ 重复边缘像素	
▼ fx ▶ 裁剪		
▶ ♢ 左对齐	0.0 %	
▶ ♢ 顶部	5.0 %	
▶ ♢ 右侧	0.0 %	
▶ ♢ 底对齐	5.0 %	
♢	□ 缩放	
▶ ♢ 羽化边缘	0	

图7.10　"高斯模糊"和"裁剪"特效

（9）在项目面板中将图片"4.jpg"、"5.jpg"、"1.jpg"分别拖动至"视频2"轨道上，并将入点分别设置为3秒22帧、5秒11帧、7秒22帧，出点分别设置为4秒15帧、6秒19帧、9秒03帧，将视频2轨道"3.jpg"素材上的"亮度键"特效复制到"4.jpg"、"5.jpg"、"1.jpg"上。

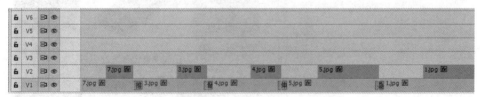

图7.11　导入图片素材

（10）将时间指针放置在"8帧"位置，在项目面板中选中"边框"素材，将其拖动至时间线面板中"视频3"轨道上时间指针所在位置，调整出点至"1秒05帧"，并为其添加"闪光灯"特效，在其"效果控件"面板中将"缩放"设置为"110.0"，"闪光阈值"设置为"1.00"，

"随机闪光机率"设置为"15%",如图 7.12 所示。

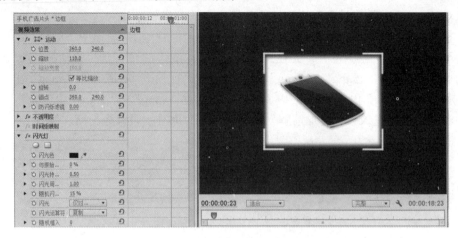

图 7.12 "闪光灯"参数设置

知识点提示：

闪光灯：在素材片段上，运行一个周期性的操作，以产生频繁闪光的效果。

（11）将"视频 3"轨道上的"边框"素材复制 3 份，分别放至"3.jpg"、"4.jpg"、"5.jpg"图片素材的上面，效果如图 7.13 所示。

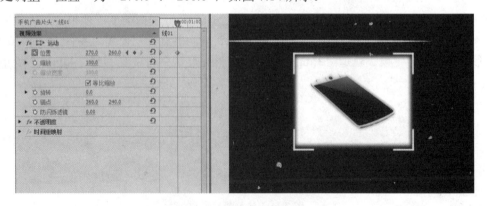

图 7.13 复制边框

（12）将时间指针放置在"13 帧"的位置，在项目面板中选中"线 01"素材，将其拖动至时间线面板中"视频 4"轨道上时间指针所在位置，调整出点至"1 秒 05 帧"。在"效果控件"面板中单击激活位置属性前面的码表，在"13 帧"处调整"位置"为"1050.0"、"260.0"，在 20 帧处调整"位置"为"270.0"、"260.0"，如图 7.14 所示。

图 7.14 添加位置关键帧

（13）将"轨道 4"轨道中 13 帧处的"线 01"素材复制到"视频 5"轨道上，修改"位置"属性关键帧，在"13 帧"处调整"位置"为"-370.0"、"625.0"，在"20 帧"处调整"位置"为"480.0"、"625.0"，如图 7.15 所示。

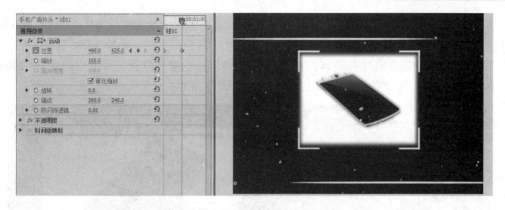

图 7.15 调整 "位置" 关键帧

（14）将时间指针放置在 "2 秒 04 帧" 处，在项目面板中选中 "线 02" 素材，将其拖动至时间线面板中 "视频 4" 轨道上时间指针所在位置，调整出点至 "2 秒 21 帧"。在 "效果控件" 面板中单击激活 "位置" 属性前面的码表，设置 "位置" 为 "490.0"、"760.0"，在 "2 秒 21 帧" 处设置为 "490.0"、"-280.0"，如图 7.16 所示。

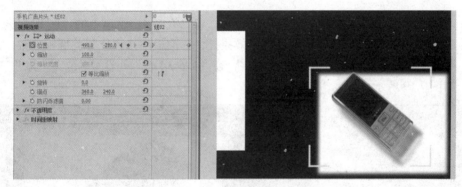

图 7.16 设置 "位置" 关键帧

（15）将时间指针放置在 "2 秒 04 帧" 处，将 "视频 5" 轨道上的 "线 01" 复制到 "视频 5" 轨道时间指针所在位置，调整出点至 "2 秒 21 帧" 处，在 "效果控件" 面板中修改关键帧参数，在 "2 秒 04 帧" 处调整 "位置" 为 "1050.0"、"290.0"；将第 2 个位置关键帧移至 "2 秒 21 帧" 处，并修改为 "-350.0"、"290.0"，如图 7.17 所示。

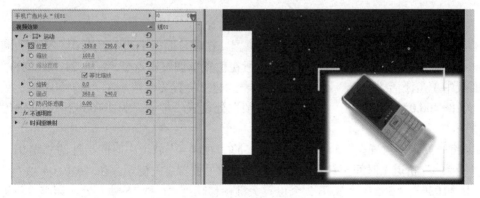

图 7.17 修改 "位置" 属性关键帧

（16）将时间指针放置在"3秒16帧"位置，在项目面板中选中"线01"素材，将其拖动至时间线面板中"视频4"轨道上时间指针所在位置，调整出点至"4秒14帧"。在"效果控件"面板中设置"位置"属性关键帧，在"3秒16帧"处设置"位置"为"-380.0"、"240.0"，在"4秒14帧"处设置"位置"为"1050.0"、"240.0"，如图7.18所示。

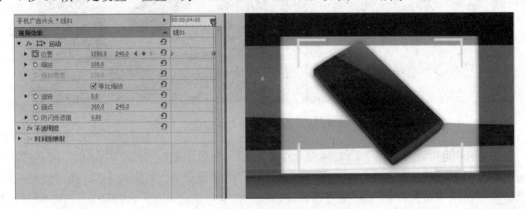

图7.18　设置"位置"关键帧

（17）将时间指针放置在"3秒16帧"的位置，将"视频4"轨道上的"线01"素材复制到"视频5"轨道上时间指针所在位置，在"效果控件"面板中修改位置关键帧参数，在"03秒16帧"处设置"位置"为"1050.0"、"595.0"，在"4秒14帧"处设置"位置"为"-380.0"、"595.0"，如图7.19所示。

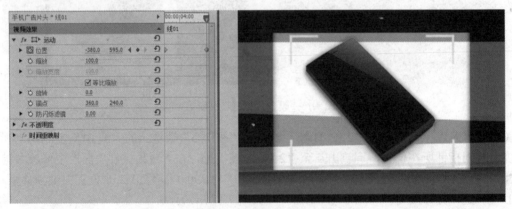

图7.19　修改"位置"关键帧

（18）将时间指针放置在"5秒04帧"的位置，在项目面板中选中"线01"素材，将其拖动至时间线面板中"视频4"轨道上时间指针所在位置，调整出点至"6秒21帧"。在"效果控件"面板中单击激活"位置"属性前面的码表，建立位置关键帧，在"5秒04帧"处设置"位置"为"-400.0"、"485.0"，在"6秒21帧"处设置"位置"为"1050.0"、"485.0"，如图7.20所示。

（19）将时间指针放置在"5秒04帧"处，将"视频4"轨道中时间指针的"线01"素材复制到"视频5"轨道上时间指针所在位置，并修改"位置"关键帧，在"5秒04帧"处设置"位置"为"1050"、"585.0"，将第2个位置关键帧移动到"6秒15帧"处，调整"位置"为"360.0"、"585.0"，如图7.21所示。

图 7.20 建立"位置"关键帧

图 7.21 修改"位置"关键帧

（20）将时间指针放置在"13 帧"的位置，在项目面板中选中"文字 02"素材，将其拖动至时间线面板中"视频 6"轨道上时间指针所在位置，调整出点至"1 秒 05 帧"位置。在"效果控件"面板中单击激活"位置"属性前面的码表，在"13 帧"处设置"位置"为"1000.0"、"240.0"，在"1 秒 01 帧"处设置"位置"为"310.0"、"240.0"，如图 7.22 所示。

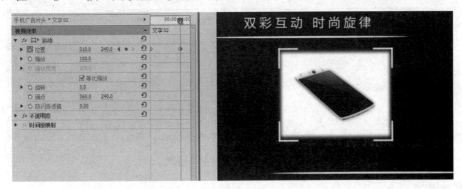

图 7.22 设置"位置"关键帧

（21）将时间指针放置在"13 帧"的位置，将"字母 02"拖动至"视频 6"轨道中时间指针位置，并调整出点至 1 秒 01 帧，选中"字母 02"，在"效果控件"面板中单击激活"位置"属性前面的码表，在"13 帧"处设置"位置"为"-310.0"、"240.0"，在"1 秒 01 帧"处设置"位置"为"380.0"、"240.0"，如图 7.23 所示。

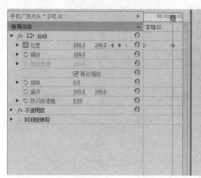

图 7.23　添加关键帧

（22）将时间指针放置在"2 秒 04 帧"的位置，在项目面板中选中"文字 03"素材，将其拖动至时间线面板中"视频 6"轨道上时间指针所在位置，调整出点至"2 秒 22 帧"的位置，并为其开头位置添加"棋盘"过渡，将过渡持续时间设置为 5 帧，如图 7.24 所示。

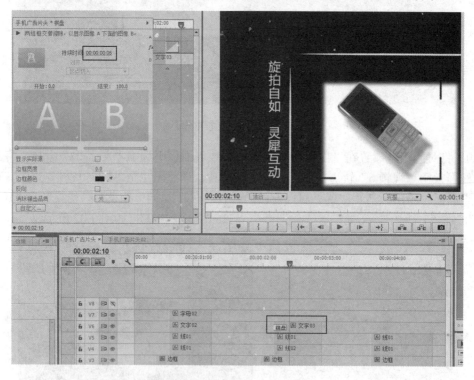

图 7.24　添加"棋盘"过渡

知识点提示：

棋盘：后一段素材以棋盘格擦拭的方式和顺序进行划像，覆盖前一段素材的画面。在"效果控件"面板中单击"自定义"按钮，可以在弹出的"棋盘设置"对话框中设置方格的数量。

（23）将时间指针放置在"2 秒 04 帧"位置，在项目面板中选中"字母 03"素材，将其拖动至时间线面板中"视频 7"轨道上时间指针所在位置，调整出点至"2 秒 22 帧"的位置。在"效果控件"面板中建立"位置"属性关键帧，在"2 秒 04 帧"处设置"位置"为"1050.0"、"240.0"，在"2 秒 20 帧"处设置"位置"为"355.0"、"240.0"，如图 7.25 所示。

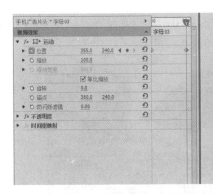

图 7.25 添加位置关键帧

（24）将时间指针放置在"5 秒 04 帧"的位置，在项目面板中选中"字母 04"素材，将其拖动至时间线面板中"视频 6"轨道上时间指针所在位置，调整出点至"6 秒 20 帧"位置。在"效果控件"中建立"位置"属性关键帧，在"05 秒 04 帧"处设置为"1050.0"、"240.0"，在"6 秒 20 帧"处设置"位置"为"360.0"、"240.0"，如图 7.26 所示。

图 7.26 创建"位置"关键帧

（25）将时间指针放置在"5 秒 04 帧"的位置，在项目面板中选中"文字 04"素材，将其拖动至时间线面板中"视频 7"轨道上时间指针所在位置，调整出点至"6 秒 20 帧"位置。在"效果控件"面板中建立"位置"属性关键帧，在"5 秒 04 帧"处设置"位置"为"-280.0"、"240.0"，在"6 秒 06 帧"处设置"位置"为"360.0"、"240.0"，如图 7.27 所示。

图 7.27 建立"位置"关键帧

（26）将时间指针放置在"5 秒 04 帧"的位置，在项目面板中选中"线 02"素材，将其拖动至时间线面板中"视频 8"轨道上时间指针所在位置，调整出点至"6 秒 20 帧"的位置。在

"效果控件"面板中建立"位置"属性关键帧，在"5秒04帧"处设置"位置"为"650.0"、"800.0"，在"6秒06帧"处设置"位置"为"650.0"、"-260.0"，如图7.28所示。

图7.28 设置"位置"关键帧

（27）将时间指针放置在"7秒10帧"的位置，在项目面板中选中"字母01"素材，将其拖动至时间线面板中"视频4"轨道上时间指针所在位置，调整出点至"9秒02帧"位置。在"效果控件"面板中建立"位置"属性关键帧，在"7秒10帧"处设置"位置"为"1050.0"、"240.0"，在"8秒20帧"处设置"位置"为"315.0"、"242.0"，如图7.29所示。

图7.29 建立"位置"关键帧

（28）将时间指针位置在"7秒10帧"的位置，在项目面板中选中"文字01"素材，将其拖动至时间线面板中"视频5"轨道上时间指针所在位置，调整出点至"9秒02帧"位置。在"效果控件"面板中建立"位置"属性关键帧，在"7秒10帧"处设置"位置"为"350.0"、"-200.0"，在"8秒20帧"处设置"位置"为"350.0"、"205.0"，如图7.30所示。

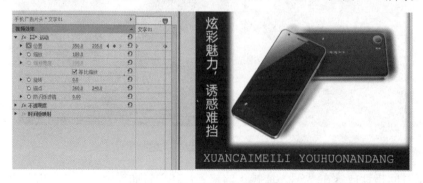

图7.30 创建"位置"关键帧

（29）在项目面板的空白处右击，在弹出的快捷菜单中选择"新建项目"→"序列"命令。在弹出的"新建序列"对话框中选择"设置"选项卡，设置"编辑模式"为"DV 24p"，"时基"为"23.976 帧/秒"，"像素长宽比"为"D1/DV NTSC(0.9091)"，将序列名称命名为"手机广告片头 02"，单击"确定"按钮，如图 7.31 所示。

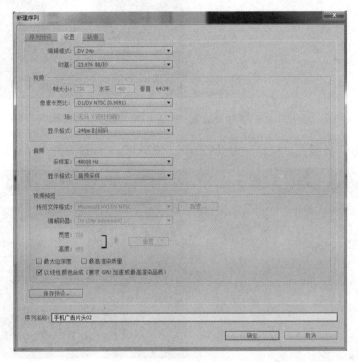

图 7.31　新建序列

（30）在项目面板中选中"12.jpg"素材，将其拖动至"手机广告片头 02"序列时间线面板中的"视频 1"轨道上，调整持续时间为"7 秒 21 帧"。在"效果控件"面板中的"位置"和"缩放"上建立关键帧，在"0 秒 0 帧"处设置"位置"为"650.0"、"430.0"，"缩放"为"200.0"，如图 7.32 所示。

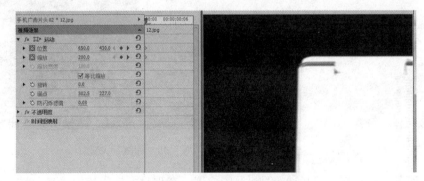

图 7.32　设置"位置"和"缩放"关键帧

在"12 帧"处设置"位置"为"350.0"、"220.0"，设置"缩放"为"50.0"，如图 7.33 所示。

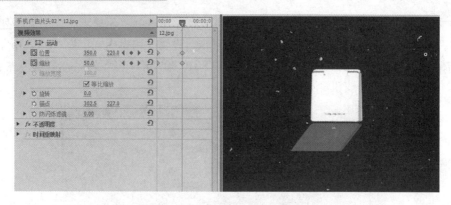

图 7.33　在 12 帧处设置"位置"和"缩放"关键帧

在"1 秒 06 帧"处设置"位置"为"350.0"、"220.0","缩放"为"50.0",如图 7.34 所示。

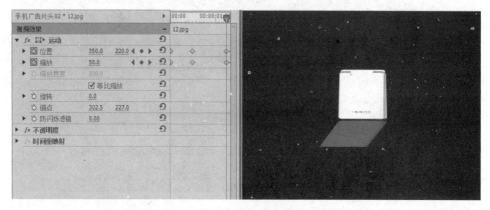

图 7.34　在 1 秒 06 帧处设置"位置"和"缩放"关键帧

在"1 秒 09 帧"处设置"位置"为"95.0"、"62.0","缩放"为"24.0",如图 7.35 所示。

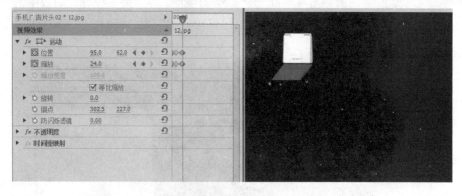

图 7.35　在 1 秒 09 帧处设置"位置"和"缩放"关键帧

（31）将时间指针放置在"1 秒 09 帧"的位置,在项目面板中选中"11.jpg"素材,将其拖动至时间线面板中"视频 2"轨道上时间指针所在位置,调整出点至"7 秒 20 帧"。在"效果控件"面板中的"位置"、"缩放"和"不透明度"上分别建立关键帧,在"1 秒 09 帧"处设置"位置"为"523.0"、"423.0",设置"缩放"为"400.0",设置"不透明度"为"0.0%",如图 7.36 所示。

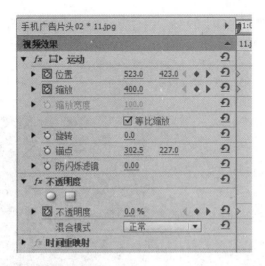

图 7.36 在 1 秒 09 帧处设置"位置"、"缩放"和"不透明度"关键帧

在"1 秒 11 帧"处设置"不透明度"为"100.0%",在"1 秒 13 帧"处设置"缩放"为"76.0",在"1 秒 23 帧"处设置"位置"为"556.0"、"366.0",设置"缩放"为"50.0",如图 7.37 所示。

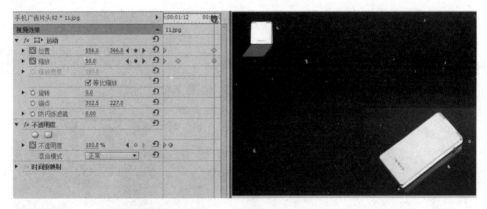

图 7.37 设置"位置"、"缩放"和"不透明度"关键帧

在"2 秒 02 帧"处设置"位置"为"272.0"、"62.0",设置"缩放"为"24.0",如图 7.38 所示。

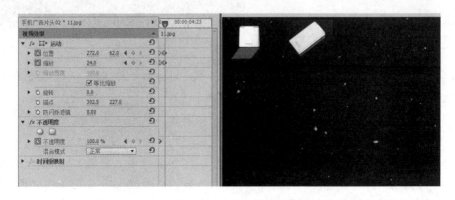

图 7.38 在 2 秒 02 帧处设置"位置"、"缩放"和"不透明度"关键帧

（32）将时间指针放置在"1秒09帧"的位置，在项目面板中选中"边框"素材，将其拖动至时间线面板中"视频3"轨道上时间指针所在位置，调整出点至"1秒23帧"位置，并为其添加"闪光灯"效果，"效果控件"面板中设置"位置"为"548.0"、"362.0"，展开"闪光灯"特效，设置"随机闪光机率"为"15%"，如图7.39所示。

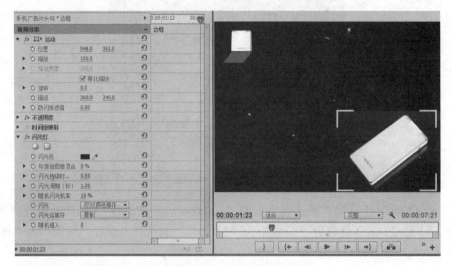

图7.39　特效参数的设置

（33）将时间指针放置在"2秒05帧"的位置，在项目面板中选中"8.jpg"素材，将其拖动至时间线面板中"视频3"轨道上时间指针所在位置，调整出点至"7秒20帧"，设置"位置"为"449.0"、"62.0"，设置"缩放"为"24.0"，如图7.40所示。

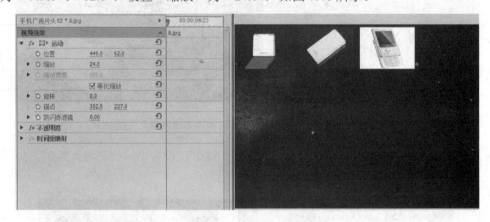

图7.40　调整"位置"与"缩放"

（34）设置完成后，每隔5帧，将项目面板中其余的图片素材分别拖动至时间线面板中"视频4"轨道～"视频16"轨道上，调整每段图片素材的出点位置均为"7秒20帧"。分别调整它们的"位置"属性与"缩放"属性，使其与画面相对应，效果如图7.41所示。

（35）切换到"手机广告片头"序列，将时间指针放置在"11秒01帧"的位置，在项目面板中选中"手机广告片头02"序列，将其拖动至时间线面板中"视频1"轨道上时间指针所在位置，并为其添加"相机模糊"特效，将时间指针放置在"16秒"处，单击"百分比模糊"属性前面的码表，设置"百分比模糊"为"0"，在"17秒23帧"处设置"百分比模糊"为"26"，如图 7.42 所示。

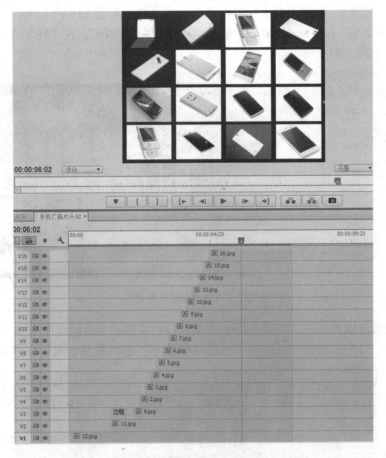

图 7.41 设置其余图片素材的"位置"与"缩放"

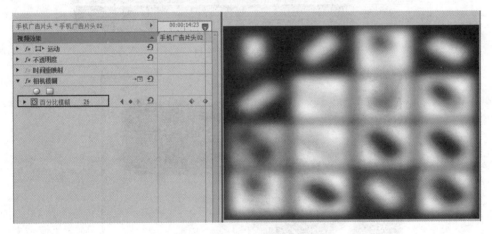

图 7.42 设置"相机模糊"关键帧

知识点提示：

相机模糊：模拟镜头产生的景深效果，对素材片段中焦点区域以外的部分进行模糊处理。通过为此效果设置关键帧，可以创建推拉摄像机或调整摄像机光圈的效果。

（36）将时间指针放置在"16秒20帧"，在项目面板中选中"文字05"素材，将其拖动至时间线面板中"视频2"轨道上时间指针所在位置，调整出点至"18秒21帧"。在"缩放"属性上建立关键帧动画，在"16秒20帧"处设置"缩放"为"0.0"，在"18秒"处设置"缩放"为"100.0%"，如图7.43所示。

图7.43　建立"缩放"关键帧

（37）在项目面板中选中"音频01.wav"素材，将其拖动至时间线面板中"音频1"轨道上，调整出点至"18秒22帧"的位置，如图7.44所示。最终效果如图7.45所示。

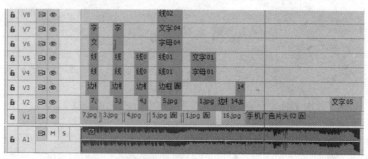

图7.44　导入音频素材

图7.45　最终效果

2. 案例小结

本案例通过字幕与图片素材相结合的方式展现了现代企业产品宣传片的图文魅力,通过此案例可以更好地了解字幕与图片动画的制作方法。案例通过"闪光灯"效果和"高斯模糊"效果相结合的方式表现了图片素材耀眼的闪烁效果,使整体效果更加夺目;动画与背景音乐很好地融合在一起,做到了声画合一。

7.2 栏目片头

1. 制作流程

(1)打开 Photoshop 软件,选择"文件"→"打开"命令,将"栏目片头\素材与效果\素材"中的素材导入,如图 7.46 所示。

图 7.46 导入素材

(2)选择"窗口"→"动作"命令,打开"动作"面板,如图 7.47 所示。

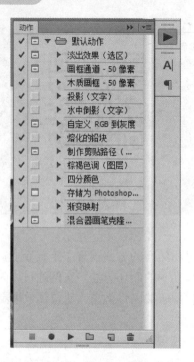

图 7.47　"动作"面板

（3）单击"动作"面板中的"新建"按钮 ，新建一个动作，如图 7.48 所示。

图 7.48　新建动作

（4）单击"记录"按钮，开始记录动作。选中第一张素材图片图层，选择"图像"→"调整"→"亮度/对比度"命令，弹出"亮度/对比度"对话框。设置"亮度"为"18"，"对比度"为"6"，如图 7.49 所示。

图 7.49　"亮度/对比度"对话框

（5）选择"文件"→"存储为"命令，把调整过的图片保存到另一个文件夹中，如图 7.50 所示。

图 7.50　存储图片

（6）保存图片后，关闭该图片所在项目。此时的"动作"面板如图 7.51 所示。

图 7.51　调整后的"动作"面板

（7）单击"动作"面板中的"停止录制"按钮■，停止录制动作。打开下一张图片素材，单击"动作"面板中的"播放"按钮▶，此时该图片会按照上一张图片处理过程记录的动作来进行相应的处理，如图 7.52 所示。

图 7.52　批处理图片

（8）全部处理完成后关闭 Photoshop，打开 Premiere Pro CC 软件。在 Premiere Pro 中新建项目，在项目面板的空白处右击，在弹出的快捷菜单中选择"新建项目"→"序列"命令。在弹出的"新建序列"对话框中选择"设置"选项卡，设置"编辑模式"为"DV PAL"，"时基"为"25.00 帧/秒"，"帧大小"中的"水平"和"垂直"分别为 720、576，"像素长宽比"设置为"D1/DV PAL(1.0940)",单击"确定"按钮,如图7.53所示。

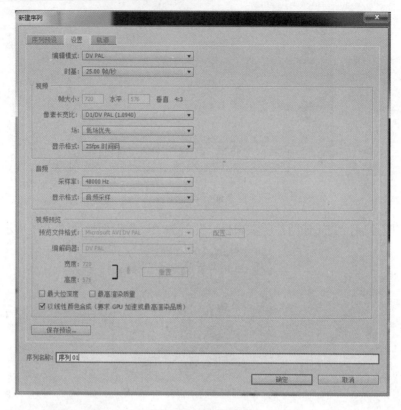

图7.53　新建序列

（9）在项目面板的空白处双击,导入前面用"动作"处理过的图片素材,如图7.54所示

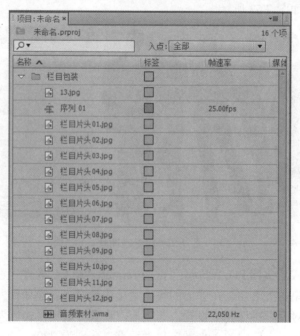

图7.54　导入案例素材

（10）在项目面板中选中"栏目片头 12"素材，并将其拖动至时间线面板中"视频 1"轨道上的开始位置，调整素材持续时间为"5 帧"，并调整该素材的"缩放"属性值为"35.0"，如图 7.55 所示。

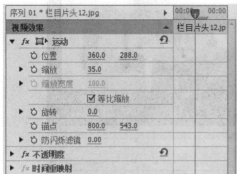

图 7.55　导入素材并调整"缩放"参数

（11）分别选中项目面板中的"栏目片头 01"素材～"栏目片头 11"素材，并按照任意顺序分别拖动至时间线面板中的"视频 1"轨道上，调整每张图片素材的持续时间为"5 帧"，其总时间长度为 3 秒 20 帧，并将"栏目片头 06"放至最后，分别调整每段图片素材的"缩放"属性值，使其适用于屏幕，如图 7.56 所示。

图 7.56　导入其他图片素材

（12）选中时间线面板中"视频 1"轨道上的最后一张图片素材，即"栏目片头 06"素材，将其持续时间调整为"10 帧"，如图 7.57 所示。

图 7.57　调整素材持续时间

（13）将时间指针放置在"4 秒"位置，在项目面板中选中"13.jpg"素材，并将其拖动至时间线面板中"视频 1"轨道上时间指针所在位置，调整出点至"6 秒 11 帧"位置，并调整其"运动"属性，将"位置"设置为"380.0"、"647.7"，"缩放"设置为"80.0"，如图 7.58 所示。

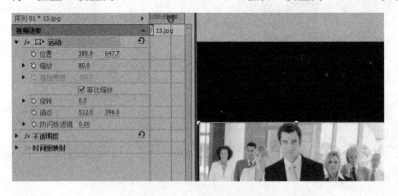

图 7.58　导入素材并调整参数

（14）打开"效果控件"面板，添加"交叉溶解"过渡到"13.jpg"和"栏目片头 06.jpg"两个素材之间，如图 7.59 所示。

（15）在项目面板的空白处右击，在弹出的快捷菜单中选择"新建项目"→"字幕"命令。在打开的"字幕编辑器"面板中，用"垂直文字工具"在画面中输入"最有效，最速度"。输入完成后调整字幕的相关属性，"字体系列"设置为"华文彩云"，"字体样式"设置为"Regular"，"字体大小"设置为"73.5"，勾选"填充"复选框，如图 7.60 所示。

图 7.59 添加"交叉溶解"过渡

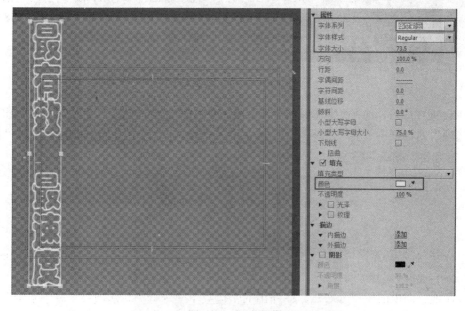

图 7.60 新建字幕

（16）设置完成后，选择"字幕编辑器"面板中的"滚动/游动选项"选项，在弹出的"滚动/游动选项"对话框中设置"字幕类型"为"滚动"，勾选"开始于屏幕外"与"结束于屏幕外"复选框，如图 7.61 所示。

图 7.61　设置滚动字幕

（17）在项目面板的空白处右击，在弹出的快捷菜单中选择"新建项目"→"字幕"命令。在打开的"字幕编辑器"面板中，选择"文字工具" T，在画面中输入"Fast Efficiency"。输入完成后设置字幕属性参数，将"字体系列"设置为"Cooper Std"，"字体样式"设置为"Blank"，"字体大小"设置为"73.0"，"方向"设置为"78.0%"，勾选"填充"复选框，如图 7.62 所示。

图 7.62　设置字幕参数

（18）设置完成后，选择"字幕编辑器"面板中的"滚动/游动选项" 选项，在弹出的"滚动/游动选项"对话框中设置"字幕类型"为"向左滚动"，勾选"开始于屏幕外"与"结束于屏幕外"复选框，如图 7.63 所示。

图 7.63　设置游动字幕

（19）设置完成后关闭"字幕编辑器"面板，在项目面板的空白处右击，在弹出的快捷菜单中选择"新建项目"→"字幕"命令。在打开的"字幕编辑器"面板中用"文字工具" T 在画面中输入"最准确"。输入完成后设置字幕相关属性,将"字体系列"设置为"微软雅黑","字体样式"设置为"Regular","字体大小"设置为"88.0",勾选"填充"与"外描边"复选框,如图 7.64 所示。

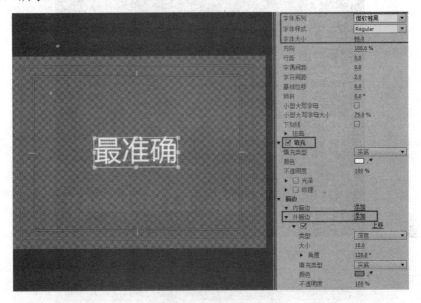

图 7.64 新建字幕

(20)设置完成后关闭"字幕编辑器"面板。将时间指针放置在"10 帧"的位置,在项目面板中选中"字幕 01"素材,并将其拖动至时间线面板中"视频 2"轨道上时间指针所在位置,调整出点至"3 秒 20 帧"的位置,如图 7.65 所示。

图 7.65 导入素材(一)

（21）将时间指针放置在"10帧"的位置，在项目面板中选中"字幕02"素材，并将其拖动至时间线面板中"视频3"轨道上时间指针所在位置，调整出点至"3秒20帧"的位置，如图7.66所示。

图7.66　导入素材（二）

（22）将时间指针放置在"2秒20帧"的位置，在项目面板中选中"字幕03"素材，并将其拖动至时间线面板中"视频4"轨道上时间指针所在位置，调整出点至"4秒05帧"位置，并为其添加"高斯模糊"特效。在"缩放"属性上建立关键帧，在"2秒20帧"处设置"缩放"为"0.0"，在"3秒05帧"处设置"缩放"为"125.0"，如图7.67所示。

图7.67　建立"位置"关键帧

（23）展开"高斯模糊"特效，在"模糊度"属性上建立关键帧，在"3秒20帧"处设置

"模糊度"为"0.0",在"4秒01帧"处设置"模糊度"为"100.0",如图7.68所示。

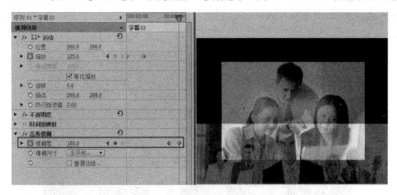

图7.68 建立"模糊度"关键帧

（24）打开Maya 2015软件，新建场景，如图7.69所示。

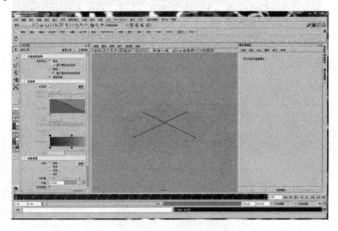

图7.69 新建场景

（25）选择"创建"→"文本"命令，在弹出的"文本曲线选项"对话框中设置"文本"为"现代商务"，"字体"为"隶书"，"类型"为"多边形"，如图7.70所示。

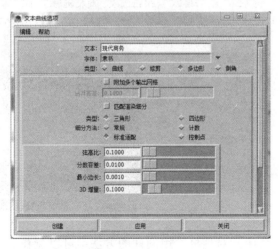

图7.70 新建文本

（26）设置完成后，单击"创建"按钮，关闭对话框。此时 Maya"透视视图"中的效果如图 7.71 所示。

图 7.71　创建文本效果

（27）选中"透视视图"中的"现代商务" 4 个字，选择"编辑网格"→"挤出"命令，在弹出的"挤出面选项"对话框中设置"分段"为"1"，"平滑角度"为"30.0000"，如图 7.72 所示。

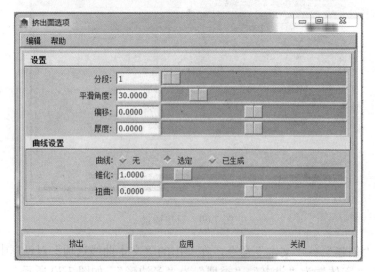

图 7.72　"挤出面选项"对话框

（28）设置完成后，单击"挤出"按钮，在画面中调整字体挤出的厚度，如图 7.73 所示。

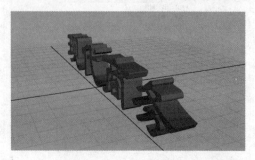

图 7.73　挤出后的效果

（29）调整完成后，关闭此对话框。用同样的方法，可以制作另一段三维文字，效果如图 7.74 所示。

图 7.74 制作另一段三维文字

（30）文字创建完成后，框选所有的文字并右击，在弹出的快捷菜单中选择"指定新材质"命令，如图 7.75 所示。在弹出的"指定新材质"对话框中选择"Blinn"材质，如图 7.76 所示。

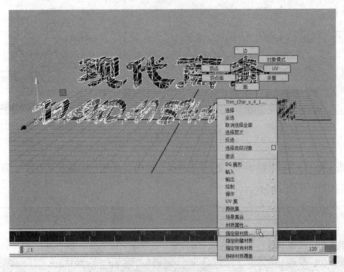

图 7.75 为文本添加材质

图 7.76 选择"Blinn"材质

（31）在打开的属性面板中，设置blinn1的属性，如图7.77所示。

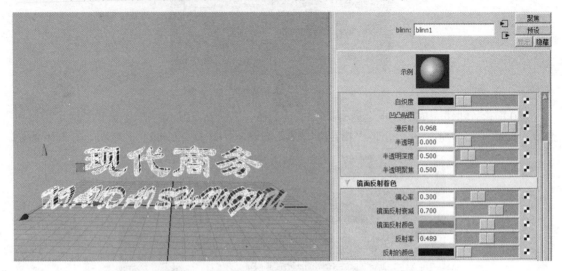

图 7.77　设置材质属性

（32）编辑完成后，分别调整两段文字的缩放大小。单击工具栏中的"渲染视图"按钮 ，对文字进行渲染，如图7.78所示。

图 7.78　文本渲染

（33）选择"创建"→"摄像机"→"摄像机"命令，创建完成后在"属性编辑器"面板中设置"视角"为"34.81"，"焦距"为"35.000"，"胶片门"为"35mm 学院"，如图 7.79所示。

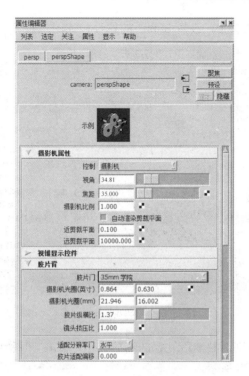

图 7.79 设置摄像机属性

（34）在"透视图"中，选择"面板"→"透视"→"camera1"命令，进入摄像机视图，如图 7.80 所示。

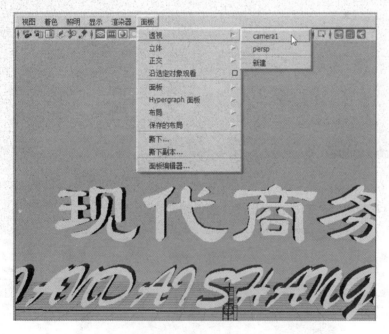

图 7.80 切换摄像机视图

（35）在"动画"面板右侧单击"时间滑块"按钮，在弹出的"时间滑块"对话框中设置参数，如图 7.81 所示。

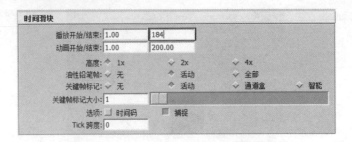

图 7.81　设置时间滑块的首选项

（36）将时间指针放置在"1 帧"位置，打开"变换属性"面板，选中"平移"选项并右击，在弹出的快捷菜单中选择"设置关键帧"命令，并调整数值为"0.784"、"3.094"、"1.164"，如图 7.82 所示。

图 7.82　设置摄像机的"平移"关键帧

（37）将时间指针放置在"184 帧"的位置，调整关键帧"平移"数值为"1.752"、"10.382"、"93.629"，如图 7.83 所示。

图 7.83　设置 184 帧处摄像机的"平移"关键帧

（38）此时摄像机动画即可设置完成，效果如图 7.84 所示。

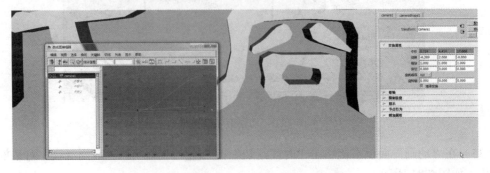

图 7.84　摄像机动画

（39）选择"窗口"→"渲染编辑器"→"渲染设置"命令，在弹出的"渲染设置"对话框中设置"使用以下渲染器渲染"为"Maya 软件"，"开始帧"为"1.000"，"结束帧"为"184.000"，"可渲染摄像机"为"camera1"，"宽度"为"960"，"高度"为"540"，如图 7.85 所示。

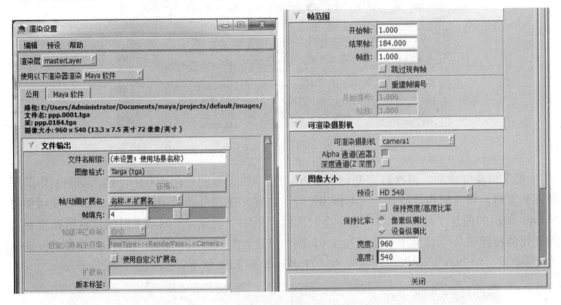

图 7.85　渲染和帧范围的设置

（40）选择"文件"→"设置项目"命令，在弹出的"设置项目"对话框中，选择文件存储的位置，如图 7.86 所示。

图 7.86　选择文件的存储位置

（41）调整完成后，单击"设置"按钮关闭对话框。选择"渲染"→"批渲染"命令，进行摄像机动画的渲染操作，如图 7.87 所示。

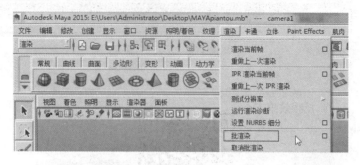

图 7.87　渲染操作

（42）渲染完成后，再次打开 Premiere Pro。在项目面板的空白处双击，导入刚刚制作的图片序列素材。将时间指针放置在"4 秒 07 帧"位置，在项目面板中选中"piantou"视频素材（Maya 输出的图片序列），并将其拖动至时间线面板中"视频 2"轨道上时间指针所在位置，通过比例拉伸工具 调整出点至"7 秒 05 帧"位置，并设置其"运动"属性，设置"位置"为"360.0"、"178.0"，设置"缩放"为"71.0"，如图 7.88 所示。

图 7.88　调整"位置"与"缩放"参数

（43）在项目面板中选中"音频素材"素材，并将其拖动至时间线面板中"音频 1"轨道上的开始位置，如图 7.89 所示。"栏目片头"案例制作完成。

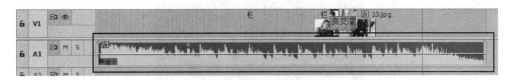

图 7.89　导入音频素材

2. 案例小结

本案例综合性较强，主要通过 Photoshop、Maya、Premiere Pro 3 个软件相互配合来制作现代栏目片头，体现了制作的综合性和应用性，重在锻炼学习者熟练掌握多个软件协同工作的能力。

本章小结

本章从 Premiere 众多后期剪辑与包装案例中精选最为流行的广告和栏目包装两种商业案例进行了深入剖析，将本书涉及的入出点、转场、动画、字幕、特效、过渡等知识点与技能加以综合应用，与行业接轨，与市场同步，这两个案例相对复杂、操作烦琐，但具有较高的商业价值和实用性，为读者从事影视后期行业提供了一定的指引和借鉴作用。

课后拓展练习

制作思路：先新建序列，调整胶片素材的运动属性——位置、缩放高度和宽度、旋转，并在位置属性上建立关键帧动画，制作位移动画；然后分别调整各段素材的位置和大小并将其放置到胶片内，并跟随胶片制作位移动画，使之同步；最后建立合成序列，制作字幕文件，字幕中应用"卷走"过渡，在胶片序列上添加"羽化边缘"和"交叉溶解"过渡，以完善效果，从而在现实中合成。合成效果如图 7.90 所示。

图 7.90　节目片头制作